TABLEAU COMPARATIF DES ANCIENNES MESURES

Avec celles du système métrique, relativement au mètre définitif.

PAR A. L. J. DUCROC-BAYART,
Professeur de Mathématiques.

A LILLE;
Chez HEINGLE, Libraire, rue Esquermoise.

AN X.

AVIS.

L'ouvrage que nous présentons au public, est le plus complet de ceux qui ont paru jusqu'à ce jour, en ce qu'il comprend, non seulement les réductions des aunages et autres mesures de Lille, mais celles des différentes villes et villages du département du Nord, dont les mesures diffèrent de celles de Lille.

TABLEAU

Des anciennes dénominations, qui pourront être traduites par les noms français qui suivent, en vertu de l'Arrêté des Consuls du 13 Brumaire an 9.

NOMS SYSTÉMATIQUES.	TRADUCTION.	VALEUR.
MESURES ITINÉRAIRES.		
Myriamètre .	Pourra être traduit par le mot lieue.	10,000 mètres.
Kilomètre . .	Mille	1,000.
MESURES DE LONGUEUR.		
Décamètre . .	Perche	10 mètres.
Mètre		Unité fondamentale des poids et mesures; dix. Millionième partie du quart du méridien terrestre.
Décimètre . .	Palme (le) . .	10e. de mètre.
Centimètre . .	Doigt	10ce. de mètre.
Millimètre. .	Trait	1000e. de mètre.
MESURES AGRAIRES.		
Hectare . . .	Arpent	10,000 mètres carrés.
Are.	Perche carrée. .	100 mètres carrés.
Centiare . .	Mètre carré . .	
MESURES DE CAPACITÉ POUR LES LIQUIDES.		
Décalitre . .	Velte	10 décimètres cubes.
Litre. . . .	Pinte	Décimètre cube.
Décilitre . .	Verre	10e. de décimètre.
MESURES DE CAPACITÉ POUR LES MATIÈRES SÈCHES.		
Kilolitre . .	Muid	Un mètre cube ou 1,000 décimètres cubes.
Hectolitre . .	Setier	100 mètres cubes.
Décalitre . .	Boisseau . . .	10 décimètres cubes.
Litre	Pinte	Décimètre cube.
MESURES DE SOLIDITÉ.		
Stère . . .		Mètre cube.
Décistère . .	Solive	10e. de mètre cube.
POIDS.		
	Millier	1,000 livres (poids de tonneau de mer).
	Quintal	100 livres.
Kilogramme .	Livre	Poids de l'eau sous le volume du décimètre cube, contient 10 onc.
Hectogramme .	Once	10e. de la livre, contient 10 gros.
Décagramme .	Gros	10e. de l'once, contient 10 deniers.
Gramme . .	Deniers	10e. du gros, contient 10 grains.
Décigramme .	Grain	10e. du denier.

En vertu du Décret du 19 Juillet 1793, je déclare qu'ayant déposé à la bibliothéque nationale les exemplaires demandés par la Loi, je ne reconnaîtrai d'autre édition que celle signée de moi, et que je ferai poursuivre les contrefacteurs.

Lille, le premier Thermidor an 10.

TABLEAU COMPARATIF DES ANCIENNES MESURES,

Avec celles du système mètrique, relativement au mètre définitif.

DES MONNAIES.

LE FRANC.

LE franc (d'argent) pèse 5 deniers, il se divise en dix décimes, et le décime en dix centimes; le franc vaut donc 100 centimes.

La livre tournois pèse 4 deniers, 9383; pour avoir le rapport du franc à la livre tournois, on divisera 5 deniers par 4 deniers, 9383, le quotient donnera ce rapport:

5 0000 000	49383.
617 00	Liv.
123 170	1, 012.

	Liv.		liv. s. d.
Le franc vaut donc	1,012	ou(*)	1 0 2, 9
Le décime,	0,1012		0 2 0
Le centime,	0,01012		0 0 2, 4

Réciproquement, le rapport de la livre tournois au franc, se trouve en divisant 4 deniers, 9383 par 5 deniers, et le quotient donne ce que la livre tournois vaut en francs.

49383 ØØØ	50ØØØ.
438	Fr.
383	0, 988.

	Fr.	
La livre tournois vaut donc	0	, 988
10 sols tournois,	0	, 494
5 sols,	0	, 247
1 sol,	0	, 0494
1 denier tournois,	0	, 0041

EXEMPLE.

Combien 27 liv. 13 s. 6 d. tournois font de francs. Il faut multiplier 27 par la valeur de

---

(*) On trouve les sous, deniers, etc. que la fraction décimale 0,012 renferme, en multipliant par 20, ce qui donne 0,240, et le produit par 12 qui donne 2,88, ou 2 den., 9.

la livre tournois en francs, c'est-à-dire, qu'il faut multiplier :

27 par 0,988, ce qui donne	26 fr.	, 676
13 par 0,0494	0	, 642
6 par 0,0041	0	, 002
Le résultat est de . . .	27 fr.	, 320 cent.

TABLEAU

Comparatif des anciennes monnaies aux nouvelles.

Liv.	Fr.	Déc.	Cent.	Liv.	Fr.	Déc.	Cent.
1 . .	0	9	8	23 . .	22	7	2
2 . .	1	9	7	24 . .	23	7	1
3 . .	2	9	6	25 . .	24	7	0
4 . .	3	9	5	26 . .	25	6	8
5 . .	4	9	4	27 . .	26	6	7
6 . .	5	9	2	28 . .	27	6	6
7 . .	6	9	1	29 . .	28	6	5
8 . .	7	9	0	30 . .	29	6	4
9 . .	8	8	9	31 . .	30	6	2
10 . .	9	8	8	32 . .	31	6	1
11 . .	10	8	6	33 . .	32	6	0
12 . .	11	8	5	34 . .	33	5	9
13 . .	12	8	4	35 . .	34	5	8
14 . .	13	8	3	36 . .	35	5	6
15 . .	14	8	2	37 . .	36	5	5
16 . .	15	8	0	38 . .	37	5	4
17 . .	16	7	9	39 . .	38	5	3
18 . .	17	7	8	40 . .	39	5	2
19 . .	18	7	7	41 . .	40	5	0
20 . .	19	7	6	42 . .	41	4	9
21 . .	20	7	4	43 . .	42	4	8
22 . .	21	7	3	44 . .	43	4	7

Liv.	*Fr.*	*Déc.*	*Cent.*	*Liv.*	*Fr.*	*Déc.*	*Cent.*
45 . .	44	4	6	73 . .	72	1	2
46 . .	45	4	4	74 . .	73	1	1
47 . .	46	4	3	75 . .	74	1	0
48 . .	47	4	2	76 . .	75	0	8
49 . .	48	4	1	77 . .	76	0	7
50 . .	49	4	0	78 . .	77	0	6
51 . .	50	3	8	79 . .	78	0	5
52 . .	51	3	7	80 . .	79	0	4
53 . .	52	3	6	81 . .	80	0	2
54 . .	53	3	5	82 . .	81	0	1
55 . .	54	3	4	83 . .	82	0	0
56 . .	55	3	2	84 . .	82	9	9
57 . .	56	3	1	85 . .	83	9	8
58 . .	57	3	0	86 . .	84	9	6
59 . .	58	2	9	87 . .	85	9	5
60 . .	59	2	8	88 . .	86	9	4
61 . .	60	2	6	89 . .	87	9	3
62 . .	61	2	5	90 . .	88	9	2
63 . .	62	2	4	91 . .	89	9	0
64 . .	63	2	3	92 . .	90	8	9
65 . .	64	2	2	93 . .	91	8	8
66 . .	65	2	0	94 . .	92	8	7
67 . .	66	1	9	95 . .	93	8	6
68 . .	67	1	8	96 . .	94	8	4
69 . .	68	1	7	97 . .	95	8	3
70 . .	69	1	6	98 . .	96	8	2
71 . .	70	1	4	99 . .	97	8	1
72 . .	71	1	3	100 . .	98	8	0

MESURES LINÉAIRES.

LE MÈTRE.

LE mètre est la dix-millionième partie de la distance du pôle à l'équateur, compté sur le méridien qui passe à Paris. Cette distance est de 5130740 toises; prenant la dix-millionième partie, le résultat est... o, toises 5130740. Cherchant les pieds, pouces, etc. que cette fraction décimale de toise renferme, on aura, o toises, 3 pieds, o pouces, 11 lignes, 296, valeur du mètre en pieds, pouces, etc.

L'unité de toise étant représentée par 1, le mètre valant, o toises 5130740, la fraction $\frac{1}{0}$, $\frac{1}{5130740}$, exprimera combien la toise vaut de mètres.

Cherchant les entiers que cette fraction renferme et réduisant le reste en décimales, on a 1 mètre, 9 palmes, 4 doigts, 9 traits. Opérant :

10000000000	5130742.
4869260	mètres. traits.
2515940	1 , 949.
463644.	

TABLEAU

Comparatif des anciennes mesures aux nouvelles.

	Mèt.	Pal.	Doig.	Trai.
6 pieds ou la toise. .	1	9	4	9
5 pieds.	1	6	2	4
4	1	2	9	9
3	0	9	7	4

	Mèt.	*Pal.*	*Doig.*	*Trai.*
2	0	6	4	9
1	0	3	2	5
11 pouces.	0	2	9	8
10	0	2	7	1
9	0	2	4	4
8	0	2	1	7
7	0	1	9	0
6	0	1	6	2
5	0	1	3	5
4	0	1	0	8
3	0	0	8	1
2	0	0	5	4
1	0	0	2	7
11 lignes.	0	0	2	5
10	0	0	2	3
9	0	0	2	0
8	0	0	1	8
7	0	0	1	6
6	0	0	1	4
5	0	0	1	1
4	0	0	0	9
3	0	0	0	7
2	0	0	0	5
1	0	0	0	2
5 pieds 11 pouces. .	1	9	2	2
5 10	1	8	9	5
5 9	1	8	6	8
5 8	1	8	4	1
5 7	1	8	1	4
5 6	1	7	8	7
5 5	1	7	5	9
5 4	1	7	3	2
5 3	1	7	1	0
5 2	1	6	7	8
5 1	1	6	5	1
5 pieds	1	6	2	4

		Mèt.	Pal.	Doig.	Trai.
4 pieds	11 pouces. .	1	5	9	7
4	10	1	5	7	0
4	9	1	5	4	2
4	8	1	5	1	6
4	7	1	4	8	9
4	6	1	4	6	1
4	5	1	4	3	5
4	4	1	4	0	8
4	3	1	3	8	1
4	2	1	3	5	3
4	1	1	3	2	6
4	0	1	2	9	9
3	11	1	2	7	2
3	10	1	2	4	5
3	9	1	2	1	8
3	8	1	1	9	1
3	7	1	1	6	4
3	6	1	1	3	7
3	5	1	1	1	0
3	4	1	0	8	3
3	3	1	0	5	6
3	2	1	0	2	9
3	1	1	0	0	2
3	0	0	9	7	4
2	11	0	9	4	7
2	10	0	9	2	0
2	9	0	8	9	3
2	8	0	8	6	6
2	7	0	8	3	9
2	6	0	8	1	2
2	5	0	7	8	5
2	4	0	7	5	8
2	3	0	7	3	1
2	2	0	7	0	4
2	1	0	6	7	7
2	0	0	6	4	9

			Mèt.	*Pal.*	*Doig.*	*Trai.*
1	pied	11 pouces. .	0	6	2	3
1		10	0	5	9	6
1		9	0	5	6	8
1		8	0	5	4	1
1		7	0	5	1	4
1		6	0	4	8	7
1		5	0	4	6	0
1		4	0	4	3	3
1		3	0	4	0	6
1		2	0	3	7	9
1		1	0	3	5	2
1		0	0	3	2	5
1	toise.	. . . . . .	1	9	4	9
2	. . . .		3	8	9	8
3	. . . .		5	8	4	7
4	. . . .		7	7	9	6
5	. . . .		9	7	4	5
6	. . . .		11	6	9	4
7	. . . .		13	6	4	3
8	. . . .		15	5	9	2
9	. . . .		17	5	4	1
10	. . . .		19	4	9	0
11	. . . .		21	4	3	9
12	. . . .		23	3	8	8
13	. . . .		25	3	3	7
14	. . . .		27	2	8	6
15	. . . .		29	2	3	6
16	. . . .		31	1	8	5
17	. . . .		33	1	3	4
18	. . . .		35	0	8	3
19	. . . .		37	0	3	2
20	. . . .		38	9	8	1
21	. . . .		40	9	3	0
22	. . . .		42	8	7	9
23	. . . .		44	8	2	8
24	. . . .		46	7	7	7

	Mèt.	Pal.	Doig.	Trai.
25	48	7	2	6
26	50	6	7	5
27	52	6	2	4
28	54	5	7	3
29	56	5	2	2
30	58	4	7	1
31	60	4	2	0
32	62	3	6	9
33	64	3	1	8
34	66	2	6	7
35	68	2	1	6
36	70	1	6	5
37	72	1	1	4
38	74	0	6	3
39	76	0	1	2
40	77	9	6	1
41	79	9	1	1
42	81	8	6	0
43	83	8	0	9
44	85	7	5	8
45	87	7	0	7
46	89	6	5	6
47	91	6	0	5
48	93	5	5	4
49	95	5	0	3
50	97	4	5	2
51	99	4	0	1
52	101	3	5	0
53	103	3	0	0
54	105	2	4	8
55	107	1	9	7
56	109	1	4	6
57	111	0	9	5
58	113	0	4	4
59	114	9	9	3
60	116	9	4	2

	Mèt.	*Pal.*	*Doig.*	*Trai.*
61	118	8	9	1
62	120	8	4	0
63	122	7	8	9
64	124	7	3	8
65	126	6	8	7
66	128	6	3	6
67	130	5	8	5
68	132	5	3	5
69	134	4	8	4
70	136	4	3	3
71	138	3	8	2
72	140	5	3	1
73	142	2	8	0
74	144	2	2	9
75	146	1	7	8
76	148	1	2	7
77	150	0	7	6
78	152	0	2	5
79	153	9	7	4
80	155	9	2	3
81	157	8	7	2
82	159	8	2	1
83	161	7	7	0
84	163	7	1	9
85	165	6	6	8
86	167	6	1	7
87	169	5	6	6
88	171	5	1	5
89	173	4	6	4
90	175	4	1	3
91	177	3	6	2
92	179	3	1	1
93	181	2	6	0
94	183	2	0	9
95	185	1	5	9
96	187	1	0	8

	Mèt.	Pal.	Doig.	Trai.
97	189	0	5	7
98	191	0	0	6
99	192	9	5	5
100	194	9	0	4

L'aune de France est de 3 pieds, 7 pouces, 10 lignes, cinq 6e. Combien vaut-elle en mètres, palmes, doigts, etc.? Pour 3 pieds, je prends trois fois la valeur du pied en mètre, ce qui donne :

	0	9	7	5
Pour 7 pouces	0	1	8	9
Pour 10 lignes	0	0	2	2
Pour cinq 6e. de ligne . .	0	0	0	2
	1	1	8	8

L'aune vaut	1	1	8	8
La demi-aune	0	5	9	4
Le quart	0	2	9	7
Le demi-quart, ou le 8e. . .	0	1	4	8
Le seizième	0	0	7	4
Le trente-deuxième . . .	0	0	3	7

Aunes.				
1	1	1	8	8
2	2	3	7	6
3	3	5	6	5
4	4	7	5	4
5	5	9	4	2
6	7	1	3	1
7	8	3	2	0
8	9	5	0	8
9	10	6	9	6
10	11	8	8	5

Aunes et parties de l'aune de France.	*Mèt.*	*Pal.*	*D.*	*T.*
L'aune et demie, un quart, un 8e., un 16e.	2	3	0	3
1, une demie, un quart, un 8e.,	2	2	2	8
1, une demie, un quart, un 16e.	2	1	5	4
1, une demie, un quart. . .	2	0	8	0
1, une demie, un 8e., un 16e.	2	0	0	6
1, une demie, un 8e. . . .	1	9	3	1
1, une demie, un 16e. . . .	1	8	5	7
1, une demie.	1	7	8	5
1, un quart, un 8e., un 16e.	1	7	0	8
1, un quart, un 8e.	1	6	3	4
1, un quart, un 16e. . . .	1	5	6	0
1, un quart.	1	4	8	5
1, un 8e., un 16e.	1	4	1	1
1, un 8e.	1	3	3	7
1, un 16e.	1	2	6	3
1, ...	1	1	8	8
Une demie, un quart, un 8e., un 16e.	1	1	1	4
Une demie, un quart, un 8e.	1	0	4	0
Une demie, un quart, un 16e.	0	9	6	6
Une demie, un quart. . . .	0	8	9	1
Une demie, un 8e., un 16e. .	0	8	1	7
Une demie, un 8e.	0	7	4	3
Une demie, un 16e. . . .	0	6	6	8
Une demie.	0	5	9	4
Un quart, un 8e., un 16e.	0	5	2	0
Un quart, un 8e.	0	4	4	6
Un quart, un 16e.	0	3	7	1
Un quart.	0	2	9	7
Un 8e., un 16e.	0	2	2	3
Un 8e.	0	1	4	9
Un 16e.	0	0	7	4

L'aune

	Mèt.	P.	D.	T.
L'aune de Lille vaut en mètres, palmes, etc.	0	7	0	0
La demi-aune	0	3	5	0
Le quart	0	1	7	5
Le demi-quart ou le 8e. . .	0	0	8	8
Le seizième	0	0	4	4
Le trente-deuxième	0	0	2	2

Aunes:

1	0	7	0	0
2	1	4	0	0
3	2	1	0	1
4	2	8	0	1
5	3	5	0	1
6	4	2	0	1
7	4	9	0	2
8	5	6	0	2
9	6	3	0	2
10	7	0	0	2

Aunes et parties de l'aune.

1, une demie, un quart, un 8e., un 16e.	1	3	5	7
1, une demie, un quart, un 8e.	1	3	1	3
1, une demie, un quart, un 16e.	1	2	6	9
1, une demie, un quart.	1	2	2	5
1, une demie, un 8e., un 16e.	1	1	8	2
1, une demie, un 8e.	1	1	3	8
1, une demie, un 16e. . . .	1	1	0	1
1, une demie.	1	0	5	0
1, un quart, un 8e., un 16e.	1	0	0	7
1, un quart, un 8e.	0	9	6	3

Aunes et parties de l'aune.	*Mèt.*	*P.*	*D.*	*T.*
1, un quart, un 16e. . . .	0	9	1	9
1, un quart.	0	8	7	5
1, un 8e., un 16e.	0	8	3	2
1, un 8e.	0	7	8	8
1, un 16e.	0	7	4	4
1, ...	0	7	0	0
Une demie, un quart, un 8e., un 16e.	0	6	5	6
Une demie, un quart, un 8e.	0	6	1	3
Une demie, un quart, un 16e.	0	5	6	9
Une demie, un quart. . . .	0	5	2	5
Une demie, un 8e., un 16e.	0	4	8	1
Une demie, un 8e.	0	4	3	8
Une demie, un 16e. . . .	0	3	9	4
Une demie, ...	0	3	5	0
Un quart, un 8e., un 16e. .	0	3	0	6
Un quart, un 8e.	0	2	6	3
Un quart, un 16e.	0	2	1	9
Un quart.	0	1	7	5
Un 8e., un 16e.	0	1	3	1
Un 8e.	0	0	8	8
Un 16e.	0	0	4	4

L'aune de Bergues vaut . .	0	7	2	0
La demi-aune	0	3	6	0
Le quart	0	1	8	0
Le demi-quart	0	0	9	0
L'aune de Dunkerque . .	0	7	1	0
La demi-aune	0	3	5	5
Le quart	0	1	7	8
Le demi-quart	0	0	8	8
L'aune d'Hazebrouck, pour le détail seulement . .	0	7	1	5
La demi-aune	0	3	5	8

	Mèt.	P.	D.	T.
Le quart	0	1	7	9
Le demi - quart	0	0	8	9
L'aune d'Hazebrouck, pour 'la toile vendue en gros .	0	7	4	0
La demi - aune	0	3	7	0
Le quart	0	1	8	5
Le demi - quart	0	0	9	3
L'aune de Cassel	0	6	2	0
La demi - aune	0	3	1	0
Le quart	0	1	5	5
Le demi - quart	0	0	7	8
L'aune de Steenvoorde . .	0	7	2	0
La demi - aune	0	3	6	0
Le quart	0	1	8	0
Le demi - quart	0	0	9	0
L'aune de Bailleul	0	6	9	3
La demi - aune	0	3	4	7
Le quart	0	1	7	3
Le demi - quart	0	0	8	7
L'aune d'Estaire	0	7	5	0
La demi - aune	0	3	7	5
Le quart	0	1	8	8
Le demi - quart	0	0	9	4
L'aune de Merville	0	7	5	0
La demi - aune	0	3	7	5
Le quart	0	1	8	8
Le demi - quart	0	0	9	4
L'aune d'Avesnes	0	8	4	5
La demi - aune	0	4	2	3
Le quart	0	2	1	1
Le demi - quart	0	1	0	6
L'aune de Bavay	0	7	4	7
La demi - aune	0	3	7	4
Le quart	0	1	8	7
Le demi - quart	0	0	9	3
L'aune de Bouchain	0	7	4	5

	Mèt.	P.	D.	T.
La demi-aune	0	3	7	3
Le quart	0	1	8	6
Le demi-quart	0	0	9	3
L'aune de Cambray . . .	0	7	2	9
La demi-aune	0	3	6	5
Le quart	0	1	8	2
Le demi-quart	0	0	9	1
L'aune de Favril	0	8	3	8
La demi-aune	0	4	1	9
Le quart	0	2	0	9
Le demi-quart	0	1	0	5
L'aune de Landrecie . . .	0	8	3	8
La demi-aune	0	4	1	9
Le quart	0	2	0	9
Le demi-quart	0	1	0	5
L'aune du Quesnoy . . .	0	7	4	7
La demi-aune	0	3	7	4
Le quart	0	1	8	7
Le demi-quart	0	0	9	3
L'aune du Cateau	0	7	7	3
La demi-aune	0	3	8	7
Le quart	0	1	9	3
Le demi-quart	0	0	9	7
L'aune de Maubeuge . . .	0	7	9	0
La demi-aune	0	3	9	5
Le quart	0	1	9	8
Le demi-quart	0	0	9	9
L'aune de Condé	0	7	4	6
La demi-aune	0	3	7	3
Le quart	0	1	8	6
Le demi-quart	0	0	9	3
L'aune d'Orchies	0	6	6	3
La demi-aune	0	3	3	2
Le quart	0	1	6	6
Le demi-quart	0	0	8	3
L'aune de St. Amand . . .	0	7	0	0

	Mèt.	P.	D.	T.
La demi-aune	0	3	5	0
Le quart	0	1	7	5
Le demi-quart	0	0	8	8
L'aune de Valenciennes . .	0	7	4	7
La demi-aune	0	3	7	4
Le quart	0	1	8	7
Le demi-quart	0	0	9	3
L'aune de Douay	0	7	0	0
La demi-aune	0	3	5	0
Le quart	0	1	7	5
Le demi-quart	0	0	8	8
La toise de Cambray. (1) .	1	4	9	0
Le pied de Valenciennes .	0	2	9	6
Le pied d'Orchies	0	3	1	0
Le pied de Condé	0	2	9	4
Le pied de Maubeuge . . .	0	2	9	5
Le pied de Cambray. (2) . .	0	3	1	0
Le pied de Boudival . . .	0	2	8	4
Largeur d'étoffe de Valenciennes.				
Du batiste	1	0	0	2
Des toiles rayées et mouchetées	0	9	3	8

NOTA. Du côté de la partie de l'est qui commence à Douay, on n'a trouvé que cinq étalons de pieds. Le pied se divise par-tout en 10 pouces. La grandeur du pied est extrêmement variable dans toute cette partie de la Préfecture; elle dépend de la grandeur de la verge, qui est aussi elle-même très-variable, et dont

(1) Elle se divise en cinq parties appellées pieds; cette mesure ne sert que pour les bâtimens et les terrains à bâtir.

(2) Cette mesure se nomme pied marchand.

elle fait une partie variable depuis un 10e. jusqu'à un 22e. de verge. La 22e. partie de 19 pieds, 3 pouces, (pied de roi) fait le pied appellé de Boudival, qui est égal à 0 mètre, 2 palmes, 8 doigts, 4 traits.

L'aune de France vaut 1 mètre, 1 palme, 8 doigts, 8 traits. Le mètre étant exprimé par l'unité, le rapport du mètre à l'aune de France sera de 1 est à 1,m 188, ou $\frac{1}{1}$, $\frac{1}{188}$, réduisant cette fraction en décimale, on aura :

$$\begin{array}{l|l} 1\,000000 & 1188 \\ \hline \quad 4960 & 0^a,\ 841 \\ \quad\ 2080 & \end{array}$$

	Aun.		Aun.
1 mètre vaut d'aune de Fr.	0,	841	ou 0, $\frac{1}{2}$, $\frac{1}{4}$, $\frac{1}{16}$, $\frac{1}{64}$.
2 mètres valent	1,	682	1, $\frac{1}{2}$, $\frac{1}{8}$, $\frac{1}{32}$, $\frac{1}{64}$.
3 mètres . .	2,	523	2, $\frac{1}{2}$, $\frac{1}{64}$.
4 mètres . .	3,	364	3, $\frac{1}{4}$, $\frac{1}{16}$, $\frac{1}{32}$, $\frac{1}{64}$.
5 mètres . .	4,	205	4, $\frac{1}{8}$, $\frac{1}{16}$, $\frac{1}{64}$.
6 mètres . .	5,	046	5, $\frac{1}{32}$, $\frac{1}{64}$.
Le palme . .	0,	0841	0, $\frac{1}{16}$, $\frac{1}{64}$.
Le doigt . .	0,	00841	0, $\frac{1}{128}$.
Le trait . .	0,	000841	0,

L'aune de Lille vaut 0 mètre, 7 palmes, 0 doigt, 0 trait. Le mètre étant exprimé par l'unité, le rapport du mètre à l'aune de Lille sera de 1 est à 0,700, ou $\frac{1}{0}$, $\frac{1}{700}$, opérant comme pour l'aune de France, on aura :

$$\begin{array}{l|l} 1\,000\,000 & 700 \\ \hline \quad 30 & 1^a,\ 428 \\ \quad\ 20 & \\ \quad\ \ 60 & \end{array}$$

	Aunes.			Aun.
1 mètre vaut	1 ,	428	ou	1 , $\frac{1}{4}$, $\frac{1}{8}$, $\frac{1}{32}$, $\frac{1}{64}$.
2 mètres valent	2 ,	856		2 , $\frac{1}{2}$, $\frac{1}{4}$, $\frac{1}{16}$, $\frac{1}{32}$.
3 mètres . .	4 ,	284		4 , $\frac{1}{4}$, $\frac{1}{32}$.
4 mètres . .	5 ,	712		5 , $\frac{1}{2}$, $\frac{1}{8}$, $\frac{1}{16}$, $\frac{1}{64}$.
5 mètres . .	7 ,	140		7 , $\frac{1}{8}$.
6 mètres . .	8 ,	568		8 , $\frac{1}{2}$, $\frac{1}{16}$.
Le palme . .	0 ,	1428		0 , $\frac{1}{8}$, $\frac{1}{64}$.
Le doigt . .	0 ,	01428		0 , $\frac{1}{64}$.
Le trait . .	0 ,	001428		0 ,

Le mètre vaut	En toises . . .	0,5130740
	En pieds . . .	3,0784440
	En pouces . .	36,9413280
	En lignes . . .	443,2959360
La perche. .	En toises . . .	5,130740
	En pieds . . .	30,784440
	En pouces . .	369,41328
	En lignes . . .	4432,95936
10 perches.	En toises . . .	51,3074
	En pieds . . .	307,8444
	En pouces . .	3694,1328
	En lignes . . .	44329,5936
Le mille. .	En toises . . .	513,0740
	En pieds . . .	3078,444
La lieue. .	En toises . . .	5130.740
	En pieds . . .	30784,44

	Tois.			Pied.	P.	Li.	p.
Le palme vaut	0 ,	0513074 0	ou	0	5	8	3
Le doigt . .	0 ,	00513074		0	0	4	5
Le trait . .	0 ,	000513074		0	0	0	5

MESURES DES SOLIDES.

LE STÈRE.

Pour les bois de chauffage, on se sert du stère; c'est un solide en forme de dé d'un mètre cube.

La toise linéaire étant égale à 1 mètre, 9 palmes, 4 doigts, 9 traits, la toise cube sera

	Mèt. cub.	P. c.	D. c.	T. c.
égale à	7	4	0	4
en multipliant 1, m. 949 trois fois par lui-même.				
Le pied linéaire étant de 0, m. 325, le pied cube vaudra en mètres cubes	0	0	3	4
Le pouce cube en mètres cubes. 0,00002 parties de trait.	0	0	0	0

TABLEAU

Comparatif des anciennes mesures de chauffage, aux nouvelles.

	Mèt. cub.	P. c.	D. c.	T. c.
La voie de bois de 56 pieds cubes, est de	1	9	1	9
Le double de la voie donne la corde de 112 pieds cubes, qui est de	3	8	3	9

Le

	St.	S.	10e. de s.	100e. de s.
Le faisceau de Lille (pour les bois de Nieppe)	0	0	2	3
Le cent de faisceaux . . .	2	3	4	9
Le faisceau de Lille (bois d'orme)	0	0	3	8
Le cent de faisceaux . . .	3	7	7	0
Le faisceau de Dunkerque .	0	0	3	5
Le cent de faisceaux . . .	3	4	9	3
Le faisceau d'Hazebrouck . .	0	0	3	8
Le cent de faisceaux . . .	3	8	1	4
Le faisceau de Bailleul . . .	0	0	2	4
Le cent de faisceaux . . .	2	4	2	8
Le faisceau de Merville . .	0	0	3	7
Le cent de faisceaux . . .	3	6	7	3
Le fagot de Bergues	0	0	4	4
Le cent de fagots	4	3	8	4
La botte de bûches de Bergues.	0	0	5	3
Le cent de bottes	5	3	4	5
Le faisceau d'Avesnes (cette mesure s'appelle aussi VASSIAU).	0	4	0	4
Le cent de faisceaux	40	4	6	0
Le faisceau de Cambray . .	0	1	7	7
Le cent de faisceaux . . .	17	7	4	7
Le faisceau de Douay . . .	0	0	4	4
Le cent de faisceaux . . .	4	4	3	4
Le faisceau du Cateau (pour les bois de Mormal.) . . .	0	2	3	0
Le cent de faisceaux . . .	22	9	6	2
Le faisceau du Cateau (pour les bois dit de France . .	0	2	6	8
Le cent de faisceaux . . .	26	7	8	6
Le faisceau de Condé . . .	0	0	6	6
Le cent de faisceaux . . .	6	6	1	6
Le faisceau de Valenciennes (pour les bois de Faux.) . .	0	0	9	9

	St.	S.	10e. de s.	100e. de s.
Le cent de faisceaux . . .	9	8	7	9
Le faisceau de Valenciennes (pour le bois de chêne) . .	0	1	1	5
Le cent de faisceaux . . .	11	5	4	1
Le fagot de Cambray (appellé Virgalant)	0	0	3	1
Le cent de fagots	3	0	9	3
Le fagot de Cambray (appellé Vaucelle.)	0	0	6	9
Le cent de fagots	6	9	4	7
Le fagot de Cambray (appellé Bouret.)	0	1	2	3
Le cent de fagots	12	3	4	2
Le fagot de Cambray (appellé d'Avrincourt)	0	0	4	6
Le cent de fagots	4	6	0	4

Pour trouver le rapport du mètre cube ou du stère à la toise cube, il faudra diviser 1 que représente le mètre cube par la valeur de la toise cube en mètres cubes, palmes cubes, etc. c'est-à-dire, qu'il faudra diviser 1 par 7 mètres cubes, 4 palmes cubes, 0 doigts cubes, 4 traits cubes; et diviser en général 1 par chacune des valeurs du pied cube en mètres cubes, du pouce cube en mètres cubes, etc. on a les résultats suivans:

Le mètre cube ou le stère.

	T. c.			
En toises cubes et en parties décimales de la toise cube	0 , 13506.			
	T. c.	P. c.	P. c.	L. c.
En pieds cubes, etc. . . .	0	29	300	635
	T. c.			
Le palme cube vaut en toises cubes	0 , 00013506.			

MESURES DE SUPERFICIE.

LE MÈTRE QUARRÉ.

On entend par le mètre quarré, la valeur du mètre multipliée par elle-même.

La toise linéaire étant de 1 m, 949037, en multipliant cette valeur par elle-même, le produit donnera ce que la toise quarrée vaudra en mètres quarrés, palmes quarrés, etc. Je quarre de même ce que vaut le pied linéaire en mètres; le produit donnera ce que le pied quarré vaudra en mètres quarrés, palmes quarrés etc. ainsi des autres; les produits successifs donneront les valeurs du pouce quarré, de la ligne quarrée en mètres quarrés, palmes quarrés, etc.

	Mèt. q.	P. q.	D. q.	T. q.
La toise quarrée vaut . . .	3	7	9	9
Le pied quarré	0	1	0	6
Le pouce quarré . . . . . 0, 7327 parties de traits.	0	0	0	0
La perche linéaire (eaux et forêts) est de 22 pieds, la perche quarrée sera de 484 pieds quarrés, qui est le quarré de 22. Je multiplie 484 pieds quarrés, par la valeur du pied quarré en mètres quarrés, le produit donne	51	0	7	2

	Mèt. q.	P. q.	D. q.	T. q.
Prenant la centième partie du produit, on a la valeur de l'arpent (eaux et forêts.) .	5107	2	0	2
La perche linéaire de Paris est de 18 pieds, la perche quarrée de 324 pieds quarrés sera de	34	1	8	9
L'arpent de Paris de 100 perches quarrées, sera . . .	3418	8	7	0
La verge quarrée de Bergues.	14	6	7	6
Le cent de verges quarrées .	1467	6	5	6
La verge quarrée de Dunkerque	14	6	3	1
La verge quarrée de Lille .	8	9	0	4
Le cent de verges quarrées .	890	4	2	6
Le cent de verges quarrées .	1463	0	6	3
La verge quarrée d'Hazebrouck.	35	4	2	6
Le cent de verges quarrées .	3542	6	3	0
La verge quarrée de Cassel .	35	3	0	7
Le cent de verges quarrées .	3530	7	3	6
La verge quarrée de Steenvoorde	35	3	0	7
Le cent de verges quarrées .	3530	7	3	6
La vergelle quarrée d'Estaire .	8	8	2	7
Le cent de vergelles quarrées .	882	6	8	4

	Mèt.	P.	D.	T.
La verge de Bergues	3	8	3	1
La verge de Dunkerque . .	3	8	2	5
La verge d'Hazebrouck . . .	5	9	5	2
La verge de Cassel	5	9	4	2
La verge de Steenvoorde . .	5	9	4	2
La vergelle d'Estaire	2	9	7	1
La verge de Lille	2	9	8	4

Pour avoir réciproquement le rapport du mètre quarré à la toise quarrée, il faudra multiplier o toise, 513074 par elle-même, qui est la valeur du mètre linéaire en toises; le produit sera de o toises quarrées, 263245, quarrant la valeur du mètre en pieds, on aura ce que le mètre quarré vaudra en pieds quarrés, ainsi des autres.

Le mètre quarré vaut en toise quarrées o toises quarrées, 2632449, ou 9 Pq. 68 Pq. 95 Lq.

La perche quarrée vaut 26 Tq. 32449 parties de la toise quarrée, ou 26 Tq. 11 Pq. 98 Pq. 23 Lq.

Exemple.

Réduire 37 T. q. 5 P. q. 9 P. q. en mètres quarrés et parties décimales du mètre quarré. Je multiplie 37 toises quarrées par la valeur de la toise quarrée en mètre quarré.

	Mèt. q.
On a	140 , 5535
5 pieds quarrés par la valeur du pied quarré en mètre quarré.	0 , 5276
9 pouces quarrés par celle du pouce quarré en mètre quarré.	0 , 0065
Le résultat donne . . .	141 , 0876

On opérera de même pour de semblables exemples.

MESURES AGRAIRES.

LA PERCHE QUARRÉE.

LA perche quarrée est une mesure de superficie, égale a un quarré dont le côté seroit une perche. La perche quarrée vaut dont 100 mètres quarrés.

L'arpent vaut 10,000.

La perche quarrée (eaux et forêts) vaut 51 m q, 07182.

La fraction $\frac{}{51}$, $\frac{07182}{100}$, exprimera le rapport de la perche quarrée (eaux et forêts) à la perche quarrée prise pour unité principale, on a 0 P. q. 51072.

	Per. q.	*Mèt. q.*	*Part. du m. q.*
L'arpent (eaux et forêts. .	51	07	1825
La perche quarrée de Paris.	0	34	1885
L'arpent	34	18	8577
La mesure			
De Bergues	44	03	8985
De Dunkerque	43	89	8893
D'Hazebrouck	35	42	3314
De Cassel	35	30	3236
De Steenvoorde	35	30	3236
Le bonnier			
D'Estaire	141	81	5682
De Merville	141	81	5682
De Lille	142	46	3764

	Per. q.	Mèt. q.	Part. du m. q.
Le bonnier			
De Marchienne	141	89	5389
De Mortagne	128	73	4728
De Condé	121	41	9908
D'Orchies	153	86	1266
De St. Amand	122	05	9336
Huitelée			
D'Aufroy, prez	29	69	9547
D'Audignie (près Bavay.) .	30	95	0371
De Bavay	30	95	0371
De Bellignies	29	69	9547
De Bermeries (près Bavay.)	29	69	9547
De Bétrechies	23	76	5642
De Breangies	30	95	0371
De Buvignies (près Bavay.)	30	95	0371
De Flamangris	23	76	5642
De Gussignies (près Bavay.)	29	69	9547
De Honhergie	28	50	8763
De Hondain	28	70	8895
De Louvigny (près Bavay) .	28	50	8763
De Méquignies	30	95	0371
D'Obies (près Bavay.) . .	30	95	0371
De St. Vaast	35	43	2004
De Taisnières	28	50	8763
Journel			
D'Avesnes (1)	47	81	1468
De Barbençon	41	37	7234
De Honhergies	42	76	8148
De Maubeuge	47	68	1382
De Condé	30	34	9976

(1) Trois journels font le bonnier.

	Per. q.	Mèt. q.	Part. du m. q.
Journel			
De St. Pithon	28	40	8698
De Taisnières	42	76	8148
Mencaudée			
D'Anglé - Fontaine	33	05	1754
D'Audignies	27	85	8335
D'Aulnoy	23	72	4957
De Bavay	27	85	8335
De Beaurain	26	97	7757
De Bréangres	27	85	8335
De Bry	23	34	5366
De Buvignies	27	85	8335
De Cambray	35	46	3340
De Cantraine	26	55	7479
De Courtien (1)	29	87	9666
De Croix	32	54	1417
D'Escaupont	22	98	5128
D'Eth	23	34	5366
De Fontaine - au - Bois . .	39	10	5738
De Forest	32	54	1417
De Fresnes	22	98	5128
D'Hussy	26	97	7757
De Hauchin	38	87	5587
De Hergnies	26	15	7216
De Hérin	33	00	1721
De Jenlain	23	34	5366
De Landrecies	39	10	5738
Du Cateau (on se sert aussi de la mesure de Cambray.)	38	76	5514
Du Quesnoy	29	87	9666

(1) Ces deux derniers noms de Cantraine et Courtien, appartiennent à des terres particulières, et non à des communes.

Mencaudée

Mencaudée	*Per. q.*	*Mèt. q.*	*Part. du m. q.*
De Maing	29	99	9745
De Maresches	23	34	5366
De Mequignies	27	85	8335
De Monchaux	29	99	9745
De Neuville	32	54	1417
De Condé	24	28	5984
D'Obies (près Bavay) . .	27	85	8335
D'Oisy	33	00	1721
D'Onnaing	22	98	5128
De Prouvy	35	07	3084
De Quarouble	22	98	5128
De Querennin { aux Hayettes.	22	72	4957
De Querennin { au-delà . .	29	99	9745
De Queverchin	22	98	5128
De Romeries	35	47	3347
De Rouvigny	33	00	1721
De Sepmeries	23	34	5366
De Soleme	33	38	1972
De Thiant	29	99	9745
De Tivencelle { rive gauche du Honneau .	22	98	5128
De Tivencelle { rive droite du Honneau .	27	16	7881
De Trith { à gauche de l'Escaut	32	77	1569
De Trith { à droite de l'Escaut	22	72	4957
De Valenciennes	22	72	4957
De Vendegies-au-Bois . .	32	54	1417
De Verchin	29	99	9745
De Vertin	33	38	1972
De Vertigneul	33	38	1972
De Vieux-Condé	22	98	5128
De Villers-Cauchy	22	72	4957

E

	Per. q.	Mèt. q.	Part. du m. q.
Mesure			
De Beaurepaire	25	53	6807
De Cartignies	28	37	8679
De Favril	42	91	8247
De Fayt	28	37	8679
De Prisches	25	53	6807
Rasière			
D'Avesnes (1)	27	93	8388
De Berbières	42	91	8247
De Bernicourt	42	91	8247
De Bouchain	45	22	9769
De Cuincy	42	91	8247
De Douay	45	22	9769
De Flers	42	91	8247
De Lambres	42	91	8247
D'Oby	42	91	8247
De Rot	42	91	8247
De Varendin	42	91	8247

Divisant actuellement 100 mètres quarrés par 51 mèt. q., 07182, nous aurons le rapport de la perche quarrée à la perche (eaux et f.)

Perche quarrée (e. et f.)

La perche quarrée vaut 1 , 95802

Perches q. de Paris.

La perche quarrée vaut 2 , 92494

Toise q.

La perche quarrée vaut 26 , 32449

Verges q. de Lille.

La perche quarrée vaut 11 , 20541.

---

(1) Six rasières font le muid.

	Verges q. de Bergues.	
La perche quarrée vaut	6 ,	81338
	Verges q. de Dunkerque.	
La perche quarrée vaut	6 ,	83498
	Verges q. d'Hazebrouck.	
La perche quarrée vaut	2 ,	82276
	Verges q. de Cassel.	
La perche quarrée vaut	2 ,	83227
	Verges q. de Steenvoorde.	
La perche quarrée vaut	2 ,	83227
	Vergelles q. d'Estaire.	
La perche quarrée vaut	11 ,	32908
	Arpent (eaux et f.)	
L'arpent vaut	1 ,	95802
	Arpens de Paris.	
L'arpent	2 ,	92494
	Toises quarrées.	
L'arpent	2632 ,	494

Nota. La mesure de Bergues et de Dunkerque est de 300 verges quarrées, elle se divise en trois parties appellées *lignes*, valant chacune 100 verges quarrées; les sous-divisions sont décimales.

La mesure d'Hazebrouck, de Cassel et de Steenvoorde est de 100 verges quarrées. Les sous-divisions sont décimales, ainsi que la précédente.

Le bonnier d'Estaire, de Merville et de Lille, se divise en 4 mesures, ou en 1600 verges ou vergelles quarrées.

Le bonnier de Marchiennes, de Mortagne, de Condé, d'Orchies et de St. Amand, se divise en 4 quartiers, ou en 1600 verges quarrées. Le bonnier se divise encore en 4 journels, ou en 5 mencaudées.

La huitelée donne $\frac{2}{3}$ de journel.

E 2

MESURES DE CAPACITÉ

POUR LES LIQUIDES.

LA PINTE.

LA pinte est une mesure d'un palme cube; un palme cube est la millième partie du mètre cube; le mètre cube vaut 50412 P. c., 44 : il faut en prendre la millième partie qui est de 50 P. c., 41244, valeur de la pinte. Le litron de Paris est de 40 P. c., 986, divisant le litron par la pinte, le quotient donne la valeur du litron en pintes.

```
409860000000  { 5041244
  6560480     { 0P.,813013
   15192360
     6862800
     18215560
```

	Velt.	P.	Ver.	Part. du v.
Le litron vaut	0	0	8	13013
La pinte de Paris contenant 46 P. c., 95.				
La pinte, 50 P. c., 41244, en divisant 46, 95 par 50, 41244, le quoitient donnera la valeur de la pinte de Paris en pintes .	0	0	9	31317

	Velt.	*P.*	*Ver.*	*Part. du v.*
La velte (de 8 pintes de Paris.)	0	7	4	50536
Le muid de vin (de 288 pintes de Paris.) . .	26	8	2	19296
Le pot de bière de Bergues.	0	2	2	92263
Le pot de vin	0	2	1	72144
Le demi-pot de bière de Bergues	0	1	1	46131
Le demi-pot de vin . .	0	1	0	86072
La pinte de bière de Bergues.	0	0	5	73065
La pinte de vin	0	0	5	45036
Le pot de Dunkerque . .	0	2	2	42214
Le demi-pot	0	1	1	21107
La pinte	0	0	5	60553
Le pot d'Hazebrouck . .	0	2	3	02272
Le demi-pot	0	1	1	51136
La pinte	0	0	5	75568
Le pot de Cassel . . .	0	2	2	22194
Le demi-pot	0	1	1	11097
La pinte	0	0	5	55548
Le pot de Steenvoorde . .	0	2	2	42214
Le demi-pot	0	1	1	21107
La pinte	0	0	5	60553
Le pot de Bailleul . . .	0	2	1	02075
Le demi-pot	0	1	0	51037
La pinte	0	0	5	25518
Le pot d'Estaire	0	2	0	32006
Le demi-pot	0	1	0	16003
La pinte	0	0	5	08001
Le pot de Merville . . .	0	2	2	32204
Le demi-pot	0	1	1	16102
La pinte	0	0	5	58051
Le lot ou le pot de Lille, (de 16 potées.) . . .	0	2	0	92065
Le demi-pot (de 8 potées.)	0	1	0	46032

	P.	*Ver.*	*Part. du v.*
La pinte (de 4 potées.) . .	0	5	23016
La demi-pinte (de 2 potées.)	0	2	61508
La potée	0	1	30754
Le pot d'Avesnes . . .	1	9	61936
Le demi-pot	0	9	80968
La pinte	0	4	90484
Le pot de Berlaimont . .	1	9	51926
Le demi-pot	0	9	75963
La pinte	0	4	87981
Le pot d'Haubourdin . .	2	4	02371
Le demi-pot	1	2	01185
La pinte	0	6	00592
Le pot de Bouchain . .	1	8	01778
Le demi-pot	0	9	00889
La pinte	0	4	50444
Le pot de Cambray (pour l'huile seulement.)	6	6	36551
Le demi-pot	3	3	18275
La pinte	1	6	59137
La demi-pinte	0	8	29568
Le pot de Cambray . . .	1	8	51827
Le demi-pot	0	9	25913
La pinte	0	4	62956
Le pot de Douay (pour la biére.)	2	5	02470
Le demi-pot	1	2	51235
La pinte	0	6	25617
Le pot de Douay (pour le vin et l'eau de-vie.)	2	0	82055
Le demi-pot	1	0	41027
La pinte	0	5	20513
Le pot de Douay (p. l'huile.)	5	8	948186
Le demi-pot	2	9	474093
La pinte	1	4	737046
Le pot du Cateau . . .	2	0	92065

	P.	Ver.	Part. du v.
Le demi-pot	1	0	46032
La pinte	0	5	23016
Le pot de Landrecies. (1) .	1	8	61837
Le demi-pot	0	9	30918
La pinte	0	4	65459
Le pot du Quesnoy . .	1	9	11887
Le demi-pot	0	9	55943
La pinte	0	4	77971
Le pot de Marchiennes . .	2	1	22095
Le demi-pot	1	0	61047
La pinte	0	5	30523
Le pot de Maubeuge . .	2	2	12184
Le demi-pot	1	1	06092
La pinte	0	5	53046
Le pot de Mortagne . .	2	5	22490
Le demi-pot	1	2	61245
La pinte	0	6	30622
Le pot de Condé	1	8	61837
Le demi-pot	0	9	30918
La pinte	0	4	65459
Le pot d'Orchies	2	5	92559
Le demi-pot	1	2	96279
La pinte	0	6	48139
Le pot de St. Amand (pour la bière.)	2	5	22490
Le demi-pot	1	2	61245
La pinte	0	6	30622
Le pot de St. Amand (pour le vin.)	1	9	81956
Le demi-pot	0	9	90978
La pinte	0	4	95489

(1) Les communes rurales du canton de Landrecies, se servent de la mesure du Cateau.

	P.	Ver.	Part. du v.
Le pot de Valenciennes . .	1	8	21798
Le demi-pot	0	9	10899
La pinte	0	4	55449
La livre d'Avesnes (pour l'huile)	0	5	10504
La demi-livre	0	2	55252
Le quart	0	1	27626
La livre de Douay (pour l'huile, il en faut 12 ½ pour le pot.)	0	4	714654
La demi-livre	0	2	357327
Le quart	0	1	178663
La livre de Condé (pour l'huile.)	0	5	10504
La demi-livre	0	2	55252
Le quart	0	1	27626
La livre de Valenciennes (pour l'huile.)	0	5	10504
La demi-livre	0	2	55252
Le quart	0	1	27626

Pour trouver la valeur de la pinte en litrons, il faut diviser 50,41244 par 40,986, on a pour quotient 1 litron, 2299, donc,

	Litrons.	
La pinte vaut . . .	1 ,	2299
La velte	12 ,	299
Le verre	0 ,	12299

MESURES

MESURES DE CAPACITÉ

POUR LES MATIÈRES SÈCHES.

LA PINTE.

LA pinte est une mesure d'un palme cube.

Le litron vaut 0 P., 813013.

	Boiss.	*Pint.*	*Ver.*	*Part. du v.*
Le boisseau (de 16 litrons.)	1	3	0	08208
Le septier de blé (de 12 boisseaux.)	15	6	0	98496
La rasière de Bergues .	14	4	1	02239
La demi-rasière . .	7	2	0	51119
La rasière de Bergues (pour le charbon se mesure comble.)	22	7	6	2469
La demi-rasière . . .	11	3	8	1234
La rasière de Dunkerque (pour le blé.) . . .	16	1	4	5938
La demi-rasière . . .	8	0	7	2969
La rasière de Dunkerque (pour le sel et le charbon de bois, mais le charbon se mesure comble.)	18	3	9	8160
La demi-rasière . .	9	1	9	9080
La rasière de Dunkerque (pour le charbon de terre seulement se mesure comble.)	32	4	1	1993

	Boiss.	P.	V.	Part. du v.
La demi-rasière. . .	16	2	0	5996
La rasière de Dunkerque (pour la chaux.) . .	7	7	6	7667
La demi-rasière . .	3	8	8	3833
La rasière d'Hazebrouck (pour le blé.) . .	17	2	8	7064
La demi-rasière . .	8	6	4	3532
La rasière d'Hazebrouck (pour les grains de mars.)	19	4	0	9158
La demi-rasière . .	9	7	0	4579
La rasière de Cassel . .	16	0	1	5809
La demi-rasière . .	8	0	0	7904
La rasière de Steenvoorde.	15	0	1	4821
La demi-rasière . .	7	5	0	7410
La rasière de Bailleul. .	7	2	7	11773
La demi-rasière . .	3	6	3	55886
La rasière d'Estaire . .	9	0	5	39369
La demi-rasière . .	4	5	2	69684
La rasière de Merville .	9	0	4	19251
La demi-rasière . .	4	5	2	09625
La rasière de Lille (pour le blé.)	7	2	1	7124
La demi-rasière . .	3	6	0	8561
Le havot	1	8	0	4281
Le carreau	0	4	5	1070
La fisselée	0	1	1	2767
La rasière de Lille (pour les grains de mars. (1) .	8	1	1	8013

(1) On appelle grains de mars, l'orge, la pamelle, le sarrasin, le millet, la camomine, l'oliette, le lin, le colza, le chanvre, la moutardelle, le sain-foin, le trèfle, la vesce, les pois, les haricots, etc.

La rasière se partage en 4 havots, le havot en 4 carreaux, le carreau en 4 fisselées.

	Boiss.	P.	V.	Part. du v.
La demi-rasière . . .	4	0	5	7006
Le havot	2	0	2	9503
Le carreau	0	5	0	7375
La fisselée	0	1	2	6843
La rasière de Lille (pour le sel.)	8	6	6	45525
La demi-rasière . . .	4	3	3	22762
Le havot	2	1	6	61381
Le carreau	0	5	4	15345
La fisselée	0	1	3	53836
La rasière de Lille (pour le charbon de terre.) .	11	0	0	0859
La demi-rasière . . .	5	5	0	0429
Le havot	2	7	5	0214
Le carreau	0	6	8	7553
La fisselée	0	1	7	1888
La rasière de Lille (pour le charbon de bois se mesure comble.) . . .	15	7	0	5503
La demi-rasière . . .	7	8	5	2751
Le havot	3	9	2	6375
Le carreau	0	9	8	1593
La fisselée	0	2	4	5398
La rasière de Lannoy . .	8	1	1	8013
La demi-rasière . . .	4	0	5	9006
Le mencaud de Cambray.	5	6	2	5553
Le demi-mencaud . . .	2	8	1	2776
Le mencaud de Landrecies.	6	7	9	6709
Le demi-mencaud . . .	3	3	9	8354
Le mencaud du Cateau .	5	8	7	5799
Le demi-mencaud . . .	2	9	3	7899
Le mencaud du Quesnoy. (Le demi-mencaud se nomme vassiau.)	5	0	6	80026
Le vassiau	2	5	3	40013

	Boiss.	P.	V.	Part. du v.
Le mencaud de Valenciennes	5	1	2	90629
Le demi-mencaud . . .	2	5	6	45314
Le mencaud de Villers-Cauchy	5	1	2	90629
Le demi-mencaud . . .	2	5	6	45314
Le mencaud de Bousies .	5	8	7	5799
Le demi-mencaud . . .	2	9	3	7899
Le mencaud de Fontaine.	5	8	7	5799
Le demi-mencaud . . .	2	9	3	7899
Le mencaud de Forest . .	5	8	7	5799
Le demi-mencaud . . .	2	9	3	7899
La rasière d'Avesnes . .	6	5	2	6442
Le vassiau	3	2	6	3221
La rasière de Berlaimont .	6	5	2	6442
Le vassiau	3	2	6	3221
La rasière de Cambray (pour le sel seulement.) . .	12	1	2	1966
Le vassiau	6	0	6	0983
La rasière de Bouchain (pour le blé.) . . .	8	4	1	8309
Le vassiau	4	2	0	9154
La rasière de Bouchain (pour les grains de mars.)	9	8	7	9751
Le vassiau	4	9	3	9875
La rasière de Bouchain (pour le sel.) . . .	11	3	0	1156
Le vassiau	5	6	5	0578
La rasière de Bouchain (pour le charbon de bois.)	9	9	4	9821
Le vassiau	4	9	7	4910
La rasière de Bouchain (pour le charbon de terre en grosse mesure comble, et le menu, ras.) . . .	14	4	0	4218

	Boiss.	P.	V.	Part. du v.
Le vassiau	7	2	0	2109
La rasière de Douay (pour le blé)	8	4	1	8309
Le vassiau	4	2	0	9154
La rasière de Douay (pour les grains de mars.) .	9	8	7	9751
Le vassiau	4	9	3	9875
La rasière de Douay (pour le sel.)	11	3	0	1156
Le vassiau	5	6	5	0578
La rasière de Douay (pour le charbon de bois.) .	9	9	4	9821
Le vassiau	4	9	7	4910
La rasière de Douay (pour le charbon de terre en gros se mesure comble, et le menu, ras.) . . .	14	4	0	4218
Le vassiau	7	2	0	2109
La rasière de Marchiennes (comme à Douay.)				
La rasière de Maubeuge.	7	7	4	7648
Le vassiau	3	8	7	3824
La rasière de Barbençon.	7	7	4	7648
Le vassiau	3	8	7	3824
La rasière de Condé . .	6	1	3	10518
Le vassiau	3	0	6	55259
La rasière d'Orchies . .	8	3	0	8200
Le vassiau	4	1	5	4100
La rasière de Mortagne .	8	6	1	8507
Le vassiau	4	3	0	9253
La rasière de St. Amand. (1)	8	6	1	8507
Le vassiau	4	3	0	9253

(1) Les marchands donnent ordinairement 17 carreaux pour 16, ... 6 et un quart pour 100.

	Boiss.	*P.*	*V.*	*Part. du v.*
La rasière de Condé (pour le charbon de bois.) .	19	0	3	8793
Le vassiau	9	5	1	9396
La rasière de Cambray. (Pour le charbon de terre; on l'appelle aussi manne.)	9	2	3	9120
Le vassiau	4	6	1	9560
La rasière de Cambray. (Cette mesure fait un demi-mencaud, elle sert pour le charbon de bois.)	8	4	3	8329
Le vassiau	4	2	1	9164
La rasière d'Avesnes (pour le charbon de bois; cette mesure est une double rasière.)	13	4	2	3250
Le vassiau	6	7	1	1625
La rasière de Valenciennes (pour les braises.) . .	12	6	3	2470
Le vassiau	6	3	1	6235
La rasière de Valenciennes (pour le charbon de terre.)	9	0	0	8892
Le vassiau	4	5	0	4446
La rasière de Valenciennes (pour le charbon de bois.)	20	6	9	0423
Le vassiau	10	3	4	5211
La rasière de Valenciennes (pour la chaux.) . . .	13	7	3	3557
Le vassiau	6	8	6	6778
La rasière des fosses d'Anzin (pour le charbon de terre.)	6	8	6	6777
Le vassiau	3	4	3	3388

	Boiss.	P.	V.	Part. du v.
La rasière des fosses de Fresne (idem.) . . .	6	8	6	6777
La vassiau	3	4	3	3388
La rasière des fosses du Vieux-Condé (idem.) .	6	8	6	6777
Le vassiau	3	4	3	3388
La rasière du Cateau (pour le charbon de bois.) .	10	0	8	9960
Le vassiau	5	0	4	4980
Un quart de muid d'Avesnes. (Cette mesure est pour le charbon de terre.)	9	6	6	9544
Un 8e. de muid	4	8	3	4772

NOTA. La rasière se divise en 4 havots, le havot en 4 carreaux; le havot s'appelle aussi coupe, et la demi-rasière se nomme vassiau. Dans beaucoup d'endroits, le vassiau se divise en deux boitiaux ou 4 pintes: 2 rasières font un faix.

Toutes les mesures au charbon s'emplissent comble.

NOUVEAUX POIDS.

LE DENIER.

LA pesanteur d'un doigt cube d'eau pure, donne un poids appellé *denier*; cette pesanteur est de 18 grains, 82715 (anciens poids); la pesanteur de la livre est de 9216 grains (anciens poids), ainsi, en divisant 9216 grains par 18 grains, 82715, le quotient donnera ce que la livre vaut en denier (nouvelle dénomination.)

92160000000000	1882715
16851400	489 d., 5058 n. d.
17896800	
9523650	
11007500	
15939250	

TABLEAU

Comparatif des anciens poids aux nouveaux.

Anciens poids.	*Onc.*	*Gr.*	*D.*	*Gr.*	*Part. du g.*
La livre	4	8	9	5	058
La demi-livre	2	4	4	7	529
Le quart	1	2	2	3	764
Le demi-quart	0	6	1	1	882
L'once	0	3	0	5	941
La demi-once	0	1	5	2	970
Le quart d'once . . .	0	0	7	6	485
Le 8e. d'once, ou le gros.	0	0	3	8	242
Le 16e., ou le demi gros.	0	0	1	9	121
Le denier	0	0	1	2	747
Le grain	0	0	0	0	531
Le demi-grain . . .	0	0	0	0	265
Le quart de grain . .	0	0	0	0	132
Le 8e. de grain . . .	0	0	0	0	066
Le 16e. de grain . . .	0	0	0	0	033

Onces.

Onces.	Liv.	Onc.	Gr.	D.	Gr.	Part. du g.
1	0	0	3	0	5	941
2	0	0	6	1	1	882
3	0	0	9	1	7	823
4	0	1	2	2	3	764
5	0	1	5	2	9	705
6	0	1	8	3	5	646
7	0	2	1	4	1	587
8	0	2	4	4	7	528
9	0	2	7	5	3	469
10	0	3	0	5	9	410
11	0	3	3	6	5	351
12	0	3	6	7	1	292
13	0	3	9	7	7	233
14	0	4	2	8	3	174
15	0	4	5	8	9	115
1, une demie	0	0	4	5	8	911
2, une demie	0	0	7	6	4	852
3, une demie	0	1	0	7	0	793
4, une demie	0	1	3	7	6	734
5, une demie	0	1	6	8	2	675
6, une demie	0	1	9	8	8	616
7, une demie	0	2	2	9	4	557
8, une demie	0	2	6	0	0	498
9, une demie	0	2	9	0	6	439
10, une demie	0	3	2	1	2	380
11, une demie	0	3	5	1	8	321
12, une demie	0	3	8	2	4	262
13, une demie	0	4	1	3	0	203
14, une demie	0	4	4	3	6	144
15, une demie	0	4	7	4	2	085

Liv. et parties de la liv.	*Liv.*	*Onc.*	*Gr.*	*D.*	*Gr.*	*Part. du gr.*
5, une demie, un quart, un 8e., un 16e., un 32e., un 64e. . . .	2	9	2	9	3	861
5, une demie, un quart, un 8e., un 16e, un 32e.	2	9	2	1	7	376
5, une demie, un quart, un 8e., un 16e., un 64e.	2	9	1	4	0	891
5, une demie, un quart, un 8e., un 16e. . .	2	9	0	6	4	406
5, une demie, un quart, un 8e., un 32e., un 64e.	2	8	9	8	7	920
5, une demie, un quart, un 8e., un 32e. . .	2	8	9	1	1	435
5, une demie, un quart, un 8e., un 64e. . .	2	8	8	3	4	950
5, une demie, un quart, un 8e.	2	8	7	5	8	465
5, une demie, un quart, un 16e., un 32e., un 64e.	2	8	6	8	1	979
5, une demie, un quart, un 16e., un 32e. . .	2	8	6	0	5	494
5, une demie, un quart, un 16e., un 64e. . .	2	8	5	2	9	009
5, une demie, un quart, un 16e.	2	8	4	5	2	524
5, une demie, un quart, un 32e., un 64e. . .	2	8	3	7	6	038
5, une demie, un quart, un 32e.	2	8	2	9	9	553
5, une demie, un quart, un 64e.	2	8	2	2	3	068
5, une demie, un quart.	2	8	1	4	6	583
5, une demie, un 8e., un 16e., un 32e., un 64e.	2	8	0	7	0	097

Liv. et parties de la liv.	*Liv.*	*Onc.*	*Gr.*	*D.*	*Gr.*	*Part. du g.*
5, une demie, un 8e., un 16e., un 32e. . . .	2	7	9	9	3	612
5, une demie, un 8e., un 16e., un 64e. . . .	2	7	9	1	7	127
5, une demie, un 8e., un 16e.	2	7	8	4	0	642
5, une demie, un 8e., un 32e., un 64e. . . .	2	7	7	6	4	156
5, une demie, un 8e., un 32e.	2	7	6	8	7	671
5, une demie, un 8e., un 64e.	2	7	6	1	1	186
5, une demie, un 8e. .	2	7	5	3	4	701
5, une demie, un 16e., un 32e., un 64e. . . .	2	7	4	5	8	215
5, une demie, un 16e., un 32e.	2	7	3	8	1	730
5, une demie, un 16e., un 64e.	2	7	3	0	5	245
5, une demie, un 16e.	2	7	2	2	8	760
5, une demie, un 32e., un 64e.	2	7	1	5	2	274
5, une demie, un 32e.	2	7	0	7	5	789
5, une demie, un 64e.	2	6	9	9	9	304
5, une demie	2	6	9	2	2	819
5, un quart, un 8e., un 16e., un 32e., un 64e.	2	6	8	4	6	332
5, un quart, un 8e., un 16e., un 32e.	2	6	7	6	9	847
5, un quart, un 8e., un 16e., un 64e.	2	6	6	9	3	362
5, un quart, un 8e., un 16e.	2	6	6	1	6	877
5, un quart, un 8e., un 32e., un 64e.	2	6	5	4	0	391

Liv. et parties de la liv.	*Liv.*	*Onc.*	*Gr.*	*D.*	*Gr.*	*Part. du g.*
5, un quart, un 8e., un 32e.	2	6	4	6	3	906
5, un quart, un 8e., un 64e.	2	6	3	8	7	421
5, un quart, un 8e.	2	6	3	1	0	936
5, un quart, un 16e, un 32e., un 64e.	2	6	2	3	4	450
5, un quart, un 16e., un 32e.	2	6	1	5	7	965
5, un quart, un 16e., un 64e.	2	6	0	8	1	480
5, un quart, un 16e.	2	6	0	0	4	995
5, un quart, un 32e., un 64e.	2	5	9	2	8	509
5, un quart, un 32e.	2	5	8	5	2	024
5, un quart, un 64e.	2	5	7	7	5	539
5, un quart	2	5	6	9	9	054
5, un 8e.. un 16e., un 32e., un 64e.	2	5	6	2	2	568
5, un 8e., un 16e., un 32e.	2	5	5	4	6	083
5, un 8e., un 16e, un 64e.	2	5	4	6	9	598
5, un 8e., un 16e.	2	5	3	9	3	113
5, un 8e., un 32e., un 64e.	2	5	3	1	6	627
5, un 8e., un 32e.	2	5	2	4	0	142
5, un 8e., un 64e.	2	5	1	6	3	657
5, un 8e.	2	5	0	8	7	172
5, un 16e., un 32e., un 64e.	2	5	0	1	0	686
5, un 16e., un 32e.	2	4	9	3	4	201
5, un 16e., un 64e.	2	4	8	5	7	716
5, un 16e.	2	4	7	8	1	231
5, un 32e., un 64e.	2	4	7	0	4	745

Liv. et parties de la liv.	*Liv.*	*Onc.*	*Gr.*	*D.*	*Gr.*	*part. du gr.*
5, un 32e.	2	4	6	2	8	260
5, un 64e.	2	4	5	5	1	775
5, ...	2	4	4	7	5	290
4, une demie, un quart, un 8e., un 16e., un 32e., un 64e. . . .	2	4	3	9	8	803
4, une demie, un quart, un 8e., un 16e, un 32e.	2	4	3	2	2	318
4, une demie, un quart, un 8e., un 16e., un 64e.	2	4	2	4	5	833
4, une demie, un quart, un 8e., un 16e. . . .	2	4	1	6	9	348
4, une demie, un quart, un 8e., un 32e., un 64e.	2	4	0	9	2	862
4, une demie, un quart, un 8e., un 32e. . . .	2	4	0	1	6	377
4, une demie, un quart, un 8e., un 64e. . . .	2	3	9	3	9	892
4, une demie, un quart, un 8e.	2	3	8	6	3	407
4, une demie, un quart, un 16e., un 32e, un 64e.	2	3	7	8	6	921
4, une demie, un quart, un 16e., un 32e. . . .	2	3	7	1	0	436
4, une demie, un quart, un 16e., un 64e. . . .	2	3	6	3	3	951
4, une demie, un quart, un 16e.	2	3	5	5	7	466
4, une demie, un quart, un 32e., un 64e. . . .	2	3	4	8	0	980
4, une demie, un quart, un 32e.	2	3	4	0	4	495
4, une demie, un quart, un 64e.	2	3	3	2	8	010

Liv. et parties de la liv.	*Liv.*	*Onc.*	*Gr.*	*D.*	*Gr.*	*part. du gr.*
4, une demie, un quart,	2	3	2	5	1	525
4, une demie, un 8e., un 16e., un 32e., un 64e. .	2	3	1	7	5	039
4, une demie, un 8e., un 16e., un 32e. . . .	2	3	0	9	8	554
4, une demie, un 8e., un 16e., un 64e. . . .	2	3	0	2	2	069
4, une demie, un 8e., un 16e.	2	2	9	4	5	584
4, une demie, un 8e., un 32e., un 64e. . . .	2	2	8	6	9	098
4, une demie, un 8e., un 32e.	2	2	7	9	2	613
4, une demie, un 8e., un 64e.	2	2	7	1	6	128
4, une demie, un 8e. .	2	2	6	3	9	643
4, une demie, un 16e., un 32e, un 64e. . .	2	2	5	6	3	157
4, une demie, un 16e., un 32e.	2	2	4	8	6	672
4, une demie, un 16e., un 64e.	2	2	4	1	0	187
4, une demie, un 16e.	2	2	3	3	3	702
4, une demie, un 32e., un 64e.	2	2	2	5	7	216
4, une demie, un 32e.	2	2	1	8	0	731
4, une demie, un 64e.	2	2	1	0	4	246
4, une demie, . . .	2	2	0	2	7	761
4, un quart, un 8e., un 16e., un 32e., un 64e.	2	1	9	5	1	274
4, un quart, un 8e., un 16e., un 32e. . . .	2	1	8	7	4	789
4, un quart, un 8e., un 16e., un 64e. . . .	2	1	7	9	8	304

Liv. et parties de la liv.	*Liv.*	*Onc.*	*Gr.*	*D.*	*Gr.*	*part. du g.*
4, un quart, un 8e., un 16e.	2	1	7	2	1	819
4, un quart, un 8e., un 32e., un 64e. . . .	2	1	6	4	5	333
4, un quart, un 8e., un 32e.	2	1	5	6	8	848
4, un quart, un 8e., un 64e.	2	1	4	9	2	363
4, un quart, un 8e. .	2	1	4	1	5	878
4, un quart, un 16e., un 32e., un 64e. . . .	2	1	3	3	9	392
4, un quart, un 16e., un 32e.	2	1	2	6	2	907
4, un quart, un 16e., un 64e.	2	1	1	8	6	422
4, un quart, un 16e. .	2	1	1	0	9	937
4, un quart, un 32e., un 64e.	2	1	0	3	3	451
4, un quart, un 32e. .	2	0	9	5	6	966
4, un quart, un 64e. .	2	0	8	8	0	481
4, un quart	2	0	8	0	3	996
4, un 8e., un 16e., un 32e., un 64e. . . .	2	0	7	2	7	510
4, un 8e., un 16e., un 32e.	2	0	6	5	1	025
4, un 8e., un 16e., un 64e.	2	0	5	7	4	540
4, un 8e., un 16e. . . .	2	0	4	9	8	055
4, un 8e., un 32e., un 64e.	2	0	4	2	1	569
4, un 8e., un 32e. . . .	2	0	3	4	5	084
4, un 8e., un 64e. . . .	2	0	2	6	8	599
4, un 8e.	2	0	1	9	2	114
4, un 16e., un 32e., un 64e.	2	0	1	1	5	628

Liv. et parties de la liv.	*Liv.*	*Onc.*	*Gr.*	*D.*	*Gr.*	*part. du g.*
4, un 16e., un 32e. . .	2	0	0	3	9	143
4, un 16e., un 64e. . .	1	9	9	6	2	658
4, un 16e.	1	9	8	8	6	173
4, un 32e., un 64e. . .	1	9	8	0	9	687
4, un 32e.	1	9	7	3	3	202
4, un 64e.	1	9	6	5	6	717
4, ...	1	9	5	8	0	232
3, une demie, un quart, un 8e., un 16e., un 32e., un 64e. . . .	1	9	5	0	3	745
3, une demie, un quart, un 8e., un 16e., un 32e.	1	9	4	2	7	260
3, une demie, un quart, un 8e., un 16e., un 64e.	1	9	3	5	0	775
3, une demie, un quart, un 8e., un 16e. . .	1	9	2	7	4	290
3, une demie, un quart, un 8e., un 32e., un 64e.	1	9	1	9	7	804
3, une demie, un quart, un 8e., un 32e. . .	1	9	1	2	1	319
3, une demie, un quart, un 8e., un 64e. . .	1	9	0	4	4	834
3, une demie, un quart, un 8e.	1	8	9	6	8	349
3, une demie, un quart, un 16e., un 32e., un 64e.	1	8	8	9	1	863
3, une demie, un quart, un 16e., un 32e. . .	1	8	8	1	5	378
3, une demie, un quart, un 16e., un 64e. . .	1	8	7	3	8	893

Liv. et parties de la liv.	*Liv.*	*Onc.*	*Gr.*	*D.*	*Gr.*	*part. du g.*
3, une demie, un quart, un 16e.	1	8	6	6	2	408
3, une demie, un quart, un 32e., un 64e. . . .	1	8	5	8	4	922
3, une demie, un quart, un 32e.	1	8	5	0	8	437
3, une demie, un quart, un 64e.	1	8	4	3	2	952
3, une demie, un quart.	1	8	3	5	6	467
3, une demie, un 8e., un 16e., un 32e., un 64e.	1	8	2	7	9	981
3, une demie, un 8e., un 16e., un 32e. . . .	1	8	2	0	3	496
3, une demie, un 8e., un 16e., un 64e. . . .	1	8	1	2	7	011
3, une demie, un 8e., un 16e.	1	8	0	5	0	526
3, une demie, un 8e., un 32e., un 64e. . . .	1	7	9	7	4	040
3, une demie, un 8e., un 32e.	1	7	8	9	7	555
3, une demie, un 8e., un 64e.	1	7	8	2	1	070
3, une demie, un 8e. .	1	7	7	4	4	585
3, une demie, un 16e. un 32e., un 64e. . .	1	7	6	6	8	099
3, une demie, un 16e., un 32e.	1	7	5	9	1	614
3, une demie, un 16e., un 64e.	1	7	5	1	5	129
3, une demie, un 16e. .	1	7	4	3	8	644
3, une demie, un 32e., un 64e.	1	7	3	6	2	158
3, une demie, un 32e. .	1	7	2	8	5	673

Liv. et parties de la liv.	*Liv.*	*Onc.*	*Gr.*	*D.*	*Gr.*	*part. du g.*
3, une demie, un 64e.	1	7	2	0	9	188
3, une demie . . .	1	7	1	3	2	703
3, un quart, un 8e., un 16e., un 32e., un 64e.	1	7	0	5	6	216
3, un quart, un 8e., un 16e., un 32e. . . .	1	6	9	7	9	731
3, un quart, un 8e., un 16e., un 64e. . . .	1	6	9	0	3	246
3, un quart, un 8e., un 16e.	1	6	8	2	6	761
3, un quart, un 8e., un 32e., un 64e. . . .	1	6	7	5	0	275
3, un quart, un 8e., un 32e.	1	6	6	7	3	790
3, un quart, un 8e., un 64e.	1	6	5	9	7	305
3, un quart, un 8e. .	1	6	5	2	0	820
3, un quart, un 16e., un 32e., un 64e. . . .	1	6	4	4	4	334
3, un quart, un 16e., un 32e.	1	6	3	6	7	849
3, un quart, un 16e., un 64e.	1	6	2	9	1	364
3, un quart, un 16e. .	1	6	2	1	4	879
3, un quart, un 32e., un 64e.	1	6	1	3	8	393
3, un quart, un 32e. .	1	6	0	6	1	908
3, un quart, un 64e. .	1	5	9	8	5	423
3, un quart	1	5	9	0	8	938
3, un 8e., un 16e., un 32e., un 64e. . . :	1	5	8	3	2	452
3, un 8e., un 16e., un 32e.	1	5	7	5	5	967
3, un 8e., un 16e., un 64e.	1	5	6	7	9	482

Liv. et parties de la liv.	*Liv.*	*Onc.*	*Gr.*	*D.*	*Gr.*	*part. du g.*
3, un 8e., un 16e. . . .	1	5	6	0	2	997
3, un 8e., un 32e., un 64e.	1	5	5	2	6	511
3, un 8e., un 32e. . . .	1	5	4	5	0	026
3, un 8e., un 64e. . . .	1	5	3	7	3	541
3, un 8e.	1	5	2	9	7	056
3, un 16e., un 32e., un 64e.	1	5	2	2	0	570
3, un 16e., un 32e. . . .	1	5	1	4	4	085
3, un 16e., un 64e. . .	1	5	0	6	7	600
3, un 16e.	1	4	9	9	1	115
3, un 32e., un 64e. . .	1	4	9	1	4	629
3, un 32e.	1	4	8	3	8	144
3, un 64e.	1	4	7	6	1	659
3, ...	1	4	6	8	5	174
2, une demie, un quart, un 8e., un 16e., un 32e., un 64e. . . .	1	4	6	0	8	687
2, une demie, un quart, un 8e., un 16e., un 32e.	1	4	5	3	2	202
2, une demie, un quart, un 8e., un 16e., un 64e.	1	4	4	5	5	717
2, une demie, un quart, un 8e., un 16e. . . .	1	4	3	7	9	232
2, une demie, un quart, un 8e., un 32e, un 64e.	1	4	3	0	2	746
2, une demie, un quart, un 8e., un 32e. . . .	1	4	2	2	6	261
2, une demie, un quart, un 8e., un 64e. . . .	1	4	1	4	9	776
2, une demie, un quart, un 8e.	1	4	0	7	3	291

Liv. et parties de la liv.	*Liv.*	*Onc.*	*Gr.*	*D.*	*Gr.*	*part. du g.*
2, une demie un quart, un 16e., un 32e., un 64e.	1	3	9	9	6	805
2, une demie, un quart, un 16e., un 32e. . . .	1	3	9	2	0	320
2, une demie, un quart, un 16e., un 64e. . . .	1	3	8	4	3	835
2, une demie, un quart, un 16e.	1	3	7	6	7	350
2, une demie, un quart, un 32e., un 64e. . . .	1	3	6	9	0	864
2, une demie, un quart, un 32e.	1	3	6	1	4	379
2, une demie, un quart, un 64e.	1	3	5	3	7	894
2, une demie, un quart.	1	3	4	6	1	409
2, une demie, un 8e., un 16e., un 32e., un 64e.	1	3	3	8	4	933
2, une demie, un 8e., un 16e., un 32e.	1	3	3	0	8	438
2, une demie, un 8e., un 16e., un 64e.	1	3	2	3	1	953
2, une demie, un 8e., un 16e.	1	3	1	5	5	468
2, une demie, un 8e., un 32e., un 64e.	1	3	0	7	8	982
2, une demie, un 8e., un 32e.	1	3	0	0	2	497
2, une demie, un 8e., un 64e.	1	2	9	2	6	012
2, une demie, un 8e. .	1	2	8	4	9	527
2, une demie, un 16e., un 32e., un 64e. . . .	1	2	7	7	3	041
2, une demie, un 16e., un 32.	1	2	6	9	6	556

Liv. et parties de la liv.	*Liv.*	*Onc*	*Gr.*	*D.*	*Gr.*	*part. du g.*
2, une demie, un 16e., un 64e.	1	2	6	2	0	071
2, une demie, un 16e.	1	2	5	4	3	586
2, une demie, un 32e., un 64e.	1	2	4	6	7	100
2, une demie, un 32e.	1	2	3	9	0	615
2, une demie, un 64e.	1	2	3	1	4	130
2, une demie	1	2	2	3	7	645
2, un quart, un 8e., un 16e., un 32e., un 64e.	1	2	1	6	1	158
2, un quart, un 8e., un 16e., un 32e.	1	2	0	8	4	673
2, un quart, un 8e., un 16e., un 64e.	1	2	0	0	8	188
2, un quart, un 8e., un 16e.	1	1	9	3	1	703
2, un quart, un 8e., un 32e., un 64e.	1	1	8	5	5	217
2, un quart, un 8e., un 32e.	1	1	7	7	8	732
2, un quart, un 8e., un 64e.	1	1	7	0	2	247
2, un quart, un 8e.	1	1	6	2	5	762
2, un quart, un 16e., un 32e., un 64e.	1	1	5	4	9	276
2, un quart, un 16e., un 32e.	1	1	4	7	2	791
2, un quart, un 16e., un 64e.	1	1	3	9	6	306
2, un quart, un 16e.	1	1	3	1	9	821
2, un quart, un 32e., un 64e.	1	1	2	4	3	335
2, un quart, un 32e.	1	1	1	6	6	850
2, un quart, un 64e.	1	1	0	9	0	365

Liv. et parties de la liv.	*Liv.*	*Onc.*	*Gr.*	*D.*	*Gr.*	*part. du g.*
2, un quart	1	1	0	1	3	880
2, un 8e., un 16e., un 32e., un 64e. . . .	1	0	9	3	7	394
2, un 8e., un 16e., un 32e.	1	0	8	6	0	909
2, un 8e., un 16e., un 64e.	1	0	7	8	4	424
2, un 8e., un 16e. . .	1	0	7	0	7	939
2, un 8e., un 32e., un 64e.	1	0	6	3	1	453
2, un 8e., un 32e. . .	1	0	5	5	4	968
2, un 8e., un 64e. . .	1	0	4	7	8	483
2, un 8e.	1	0	4	0	1	998
2, un 16e., un 32e., un 64e.	1	0	3	2	5	512
2, un 16e., un 32e. .	1	0	2	4	9	027
2, un 16e., un 64e. .	1	0	1	7	2	542
2, un 16e.	1	0	0	9	6	057
2, un 32e., un 64e. .	1	0	0	1	9	571
2, un 32e.	0	9	9	4	3	086
2, un 64e.	0	9	8	6	6	601
2, ...	0	9	7	9	0	116
1, une demie, un quart, un 8e., un 16e., un 32e., un 64e. . . .	0	9	7	1	3	629
1, une demie, un quart, un 8e., un 16e., un 32e.	0	9	6	3	7	144
1, une demie, un quart, un 8e., un 16e., un 64e.	0	9	5	6	0	659
1, une demie, un quart, un 8e., un 16e. . . .	0	9	4	8	4	174
1, une demie, un quart, un 8e., un 32e., un 64e.	0	9	4	0	7	688

Liv. et parties de la liv.	*Liv.*	*Onc.*	*Gr.*	*D.*	*Gr.*	*part. du g.*
1, une demie, un quart, un 8e., un 32e. . .	0	9	3	3	1	203
1, une demie, un quart, un 8e., un 64e. . .	0	9	2	5	4	718
1, une demie, un quart, un 8e.	0	9	1	7	8	233
1, une demie, un quart, un 16e., un 32e., un 64e.	0	9	1	0	1	747
1, une demie, un quart, un 16e., un 32e. . .	0	9	0	2	5	262
1, une demie, un quart, un 16e., un 64e. . .	0	8	9	4	8	777
1, une demie, un quart, un 16e.	0	8	8	7	2	292
1, une demie, un quart, un 32e., un 64e. . .	0	8	7	9	5	806
1, une demie, un quart, un 32e.	0	8	7	1	9	321
1, une demie, un quart, un 64e.	0	8	6	4	2	836
1, une demie, un quart.	0	8	5	6	6	351
1, une demie, un 8e., un 16e., un 32e., un 64e. .	0	8	4	8	9	865
1, une demie, un 8e., un 16e., un 32e. . . .	0	8	4	1	3	380
1, une demie, un 8e., un 16e., un 64e. . . .	0	8	3	3	6	895
1, une demie, un 8e., un 16e.	0	8	2	6	0	410
1, une demie, un 8e., un 32e., un 64e. . . .	0	8	1	8	9	924
1, une demie, un 8e., un 32e.	0	8	1	0	7	439

Liv. et parties de la liv.	*Liv.*	*Onc.*	*Gr.*	*D.*	*Gr.*	*part du gr.*
1, une demie, un 8e., un 64e.	0	8	0	3	0	954
1, une demie, un 8e. .	0	7	9	5	4	469
1, une demie, un 16e., un 32e, un 64e. . .	0	7	8	7	7	983
1, une demie, un 16e., un 32e.	0	7	8	0	1	498
1, une demie, un 16e., un 64e.	0	7	7	2	5	013
1, une demie, un 16e.	0	7	6	4	8	528
1, une demie, un 32e., un 64e.	0	7	5	7	2	042
1, une demie, un 32e.	0	7	4	9	5	557
1, une demie, un 64e.	0	7	4	1	9	072
1, une demie, . . .	0	7	3	4	2	587
1, un quart, un 8e., un 16e., un 32e., un 64e.	0	7	2	6	6	100
1, un quart, un 8e., un 16e., un 32e. . . .	0	7	1	8	9	615
1, un quart, un 8e., un 16e., un 64e. . . .	0	7	1	1	3	130
1, un quart, un 8e., un 16e.	0	7	0	3	6	645
1, un quart, un 8e., un 32e., un 64e. . . .	0	6	9	6	0	159
1, un quart, un 8e., un 32e.	0	6	8	8	3	674
1, un quart, un 8e., un 64e.	0	6	8	0	7	189
1, un quart, un 8e. .	0	6	7	3	0	704
1, un quart, un 16e., un 32e., un 64e. . . .	0	6	6	5	4	218
1, un quart, un 16e., un 32e.	0	6	5	7	7	733

1,

Liv. et parties de la liv.	*Liv.*	*Onc.*	*Gr.*	*D.*	*Gr.*	*Part. du g.*
1, un quart, un 16e., un 64e.	o	6	5	o	1	248
1, un quart, un 16e.	o	6	4	2	4	763
1, un quart, un 32e., un 64e.	o	6	3	4	8	277
1, un quart, un 32e.	o	6	2	7	1	792
1, un quart, un 64e.	o	6	1	9	5	307
1, un quart.	o	6	1	1	8	822
1, un 8e., un 16e., un 32e., un 64e.	o	6	o	4	2	336
1, un 8e., un 16e., un 32e.	o	5	9	6	5	851
1, un 8e., un 16e., un 64e.	o	5	8	8	9	366
1, un 8e., un 16e.	o	5	8	1	2	881
1, un 8e., un 32e., un 64e.	o	5	7	3	6	395
1, un 8e., un 32e.	o	5	6	5	9	910
1, un 8e., un 64e.	o	5	5	8	3	425
1, un 8e.	o	5	5	o	6	940
1, un 16e., un 32e., un 64e.	o	5	4	3	o	454
1, un 16e., un 32e.	o	5	3	5	3	969
1, un 16e., un 64e.,	o	5	2	7	7	484
1, un 16e.	o	5	2	o	o	999
1, un 32e., un 64e.	o	5	1	2	4	513
1, un 32e.	o	5	o	4	8	028
1, un 64e.	o	4	9	7	1	543
1,	o	4	8	9	5	o58
Une demie, un quart, un 8e., un 16e., un 32e., un 64e.	o	4	8	1	8	571
Une demie, un quart, un 8e., un 16e, un 32e.	o	4	7	4	2	o86

Liv. et parties de la liv.	*Liv.*	*Onc.*	*Gr.*	*D.*	*Gr.*	*part. du gr.*
Une demie, un quart, un 8e., un 16e., un 64e. .	o	4	6	6	5	601
Une demie, un quart, un 8e., un 16e. . . .	o	4	5	8	9	116
Une demie, un quart, un 8e., un 32e., un 64e. .	o	4	5	1	2	630
Une demie, un quart, un 8e., un 32e. . . .	o	4	4	3	6	145
Une demie, un quart, un 8e., un 64e. . .	o	4	3	5	9	660
Une demie, un quart, un 8e	o	4	2	8	3	175
Une demie, un quart, un 16e., un 32e, un 64e.	o	4	2	o	6	689
Une demie, un quart, un 16e., un 32e. . .	o	4	1	3	o	204
Une demie, un quart, un 16e., un 64e. . .	o	4	o	5	3	719
Une demie, un quart, un 16e.	o	3	9	7	7	234
Une demie, un quart, un 32e., un 64e. . .	o	3	9	o	o	748
Une demie, un quart, un 32e.	o	3	8	2	4	263
Une demie, un quart, un 64e.	o	3	7	4	7	778
Une demie, un quart. .	o	3	6	7	1	293
Une demie, un 8e., un 16e., un 32e., un 64e.	o	3	5	9	4	807
Une demie, un 8e., un 16e., un 32e. . . .	o	3	5	1	8	322
Une demie, un 8e., un 16e., un 64e. . . .	o	3	4	4	1	837
Une demie, un 8e., un 16e.	o	3	3	6	5	352

Liv. et parties de la liv.	*Liv.*	*Onc.*	*Gr.*	*D.*	*Gr.*	*Part. du g.*
Une demie, un 8e., un 32e., un 64e.	0	3	2	8	8	866
Une demie, un 8e., un 32e.	0	3	2	1	2	381
Une demie, un 8e., un 64e.	0	3	1	3	5	896
Une demie, un 8e.	0	3	0	5	9	411
Une demie, un 16., un 32e., un 64e.	0	2	9	8	2	925
Une demie, un 16e., un 32e.	0	2	9	0	6	440
Une demie, un 16e., un 64e.	0	2	8	2	9	955
Une demie, un 16e.	0	2	7	5	3	470
Une demie, un 32e., un 64e	0	2	6	7	6	984
Une demie, un 32e.	0	2	6	0	0	499
Une demie, un 64e.	0	2	5	2	4	014
Une demie	0	2	4	4	7	529
Un quart, un 8e., un 16e., un 32e., un 64e.	0	2	3	7	1	042
Un quart, un 8e., un 16e., un 32e.	0	2	2	9	4	557
Un quart, un 8e., un 16e., un 64e.	0	2	2	1	8	072
Un quart, un 8e., un 16e.	0	2	1	4	1	587
Un quart, un 8e., un 32e., un 64e.	0	2	0	6	5	101
Un quart, un 8e., un 32e.	0	1	9	8	8	616
Un quart, un 8e., un 64e.	0	1	9	1	2	131
Un quart, un 8e.	0	1	8	3	5	646
Un quart, un 16e., un 32e., un 64e.	0	1	7	5	9	160
Un quart, un 16e., un 32e.	0	1	6	8	2	675
Un quart, un 16e., un 64e.	0	1	6	0	6	190
Un quart, un 16e.	0	1	5	2	9	705

Liv. et parties de la liv.	*Liv.*	*Onc.*	*Gr.*	*D.*	*Gr.*	*Part. du gr.*
Un quart, un 32e., un 64e.	0	1	4	5	3	219
Un quart, un 32e. . . .	0	1	3	7	6	734
Un quart, un 64e. . . .	0	1	3	0	0	249
Un quart.	0	1	2	2	3	764
Un 8e., un 16e., un 32e., un 64e.	0	1	1	4	7	278
Un 8e., un 16e., un 32e.	0	1	0	7	0	793
Un 8e., un 16e., un 64e.	0	0	9	9	4	308
Un 8e., un 16e. . . .	0	0	9	1	7	823
Un 8e., un 32e., un 64e.	0	0	8	4	1	337
Un 8e., un 32e. . . .	0	0	7	6	4	852
Un 8e., un 64e. . . .	0	0	6	8	8	367
Un 8e.	0	0	6	1	1	882
Un 16e., un 32e., un 64e.	0	0	5	3	5	396
Un 16e., un 32e. . . .	0	0	4	5	8	911
Un 16e., un 64e. . . .	0	0	3	8	2	426
Un 16e.	0	0	3	0	5	941
Un 32e., un 64e. . . .	0	0	2	2	9	455
Un 32e.	0	0	1	5	2	970
Un 64e.	0	0	0	7	6	485
Livres.						
1	0	4	8	9	5	058
2	0	9	7	9	0	116
3	1	4	6	8	5	174
4	1	9	5	8	0	232
5	2	4	4	7	5	290
6	2	9	3	7	0	348
7	3	4	2	6	5	406
8	3	9	1	6	0	464
9	4	4	0	5	5	522
10	4	8	9	5	0	580
11	5	3	8	4	5	638
12	5	8	7	4	0	696
13	6	3	6	3	5	754

Liv.	Mill.	Liv.	Onc.	Gr.	D.	Gr.	Part. du g.
14	0	6	8	5	3	0	812
15	0	7	3	4	2	5	870
16	0	7	8	3	2	0	928
17	0	8	3	2	1	5	986
18	0	8	8	1	1	1	044
19	0	9	3	0	0	6	102
20	0	9	7	9	0	1	160
21	1	0	2	7	9	6	218
22	1	0	7	6	9	1	276
23	1	1	2	5	8	6	334
24	1	1	7	4	8	1	392
25	1	2	2	3	7	6	450
26	1	2	7	2	7	1	508
27	1	3	2	1	6	6	566
28	1	3	7	0	6	1	624
29	1	4	1	9	5	6	682
30	1	4	6	8	5	1	740
31	1	5	1	7	4	6	798
32	1	5	6	6	4	1	856
33	1	6	1	5	3	6	914
34	1	6	6	4	3	1	972
35	1	7	1	3	2	7	030
36	1	7	6	2	2	2	088
37	1	8	1	1	1	7	146
38	1	8	6	0	1	2	204
39	1	9	0	9	0	7	262
40	1	9	5	8	0	2	320
41	2	0	0	6	9	7	378
42	2	0	5	5	9	2	436
43	2	1	0	4	8	7	494
44	2	1	5	3	8	2	552
45	2	2	0	2	7	7	610
46	2	2	5	1	7	2	668
47	2	3	0	0	6	7	726
48	2	3	4	9	6	2	784

Liv.		*Mill.*	*Liv.*	*Onc.*	*Gr.*	*D.*	*Gr.*	*Part. du g.*
49	. . . . .	2	3	9	8	5	7	842
50	. . . . .	2	4	4	7	5	2	900
51	. . . . .	2	4	9	6	4	7	958
52	. . . . .	2	5	4	5	4	3	016
53	. . . . .	2	5	9	4	3	8	074
54	. . . . .	2	6	4	3	3	3	132
55	. . . . .	2	6	9	2	2	8	190
56	. . . . .	2	7	4	1	2	3	248
57	. . . . .	2	7	9	0	1	8	306
58	. . . . .	2	8	3	9	1	3	364
59	. . . . .	2	8	8	8	0	8	422
60	. . . . .	2	9	3	7	0	3	480
61	. . . . .	2	9	8	5	9	8	538
62	. . . . .	3	0	3	4	9	3	596
63	. . . . .	3	0	8	3	8	8	654
64	. . . . .	3	1	3	2	8	3	710
65	. . . . .	3	1	8	1	7	8	770
66	. . . . .	3	2	3	0	7	3	828
67	. . . . .	3	2	7	9	6	8	886
68	. . . . .	3	3	2	8	6	3	944
69	. . . . .	3	3	7	7	5	9	002
70	. . . . .	3	4	2	6	5	4	060
71	. . . . .	3	4	7	5	4	9	118
72	. . . . .	3	5	2	4	4	4	176
73	. . . . .	3	5	7	3	3	9	234
74	. . . . .	3	6	2	2	3	4	292
75	. . . . .	3	6	7	1	2	9	350
76	. . . . .	3	7	2	0	2	4	408
77	. . . . .	3	7	6	9	1	9	466
78	. . . . .	3	8	1	8	1	4	524
79	. . . . .	3	8	6	7	0	9	582
80	. . . . .	3	9	1	6	0	4	640
81	. . . . .	3	9	6	4	9	9	698
82	. . . . .	4	0	1	3	9	4	756
83	. . . . .	4	0	6	2	8	9	814

Liv.	Mill.	Liv.	Onc.	Gr.	D.	Gr.	Part. du g.
84	4	1	1	1	8	4	872
85	4	1	6	0	7	9	930
86	4	2	0	9	7	4	988
87	4	2	5	8	7	0	046
88	4	3	0	7	6	5	104
89	4	3	5	6	6	0	162
90	4	4	0	5	5	5	220
91	4	4	5	4	5	0	278
92	4	5	0	3	4	5	336
93	4	5	5	2	4	0	394
94	4	6	0	1	3	5	452
95	4	6	5	0	3	0	510
96	4	6	9	9	2	5	568
97	4	7	4	8	2	0	626
98	4	7	9	7	1	5	684
99	4	8	4	6	1	0	742
100	4	8	9	5	0	5	800

	Onc.	G.	D.	G.	Part. du g.
La livre de Bergues . .	4	3	5	3	19
La demi-livre . . .	2	1	7	6	59
Le quart	1	0	8	8	29
Le demi-quart . . .	0	5	4	4	14
La livre de Dunkerque .	4	3	5	3	19
La demi-livre . . .	2	1	7	6	59
Le quart	1	0	8	8	29
Le demi-quart . . .	0	5	4	4	14
La livre d'Hazebrouck .	4	2	7	3	14
La demi-livre . . .	2	1	3	6	57
Le quart	1	0	6	8	28
Le demi-quart . . .	0	5	3	4	14
La livre de Cassel . .	4	3	0	3	16
La demi-livre . . .	2	1	5	1	58

	Onc.	G.	D.	G.	Part. du g.
Le quart	1	0	7	5	79
Le demi - quart . . .	0	5	3	7	89
La livre de Steenvoorde .	4	2	3	3	11
La demi - livre . . .	2	1	1	6	55
Le quart	1	0	5	8	27
Le demi - quart . . .	0	5	2	9	13
La livre de Bailleul . .	4	2	6	3	13
La demi - livre . . .	2	1	3	1	56
Le quart	1	0	6	5	78
Le demi - quart . . .	0	5	3	2	89
La livre d'Estaire . .	4	3	2	3	17
La demi - livre . . .	2	1	6	1	58
Le quart	1	0	8	0	79
Le demi - quart . . .	0	5	4	0	39
La livre de Merville . .	4	3	3	3	18
La demi - livre . . .	2	1	6	6	59
Le quart	1	0	8	3	29
Le demi - quart . . .	0	5	4	1	64
La livre de Lille . .	4	3	1	3	17
La demi - livre . . .	2	1	5	6	58
Le quart	1	0	7	8	29
Le demi - quart . . .	0	5	2	9	14
La livre de Lannoy . .	4	1	6	3	06
La demi - livre . . .	2	0	8	1	53
Le quart	1	0	4	0	76
Le demi - quart . . .	0	5	2	0	38
La livre d'Avesnes . .	4	7	4	3	48
La demi - livre . . .	2	3	7	1	74
Le quart	1	1	8	5	87
Le demi - quart . . .	0	5	9	2	93
La livre de Bavay . .	4	6	7	3	43
La demi - livre . . .	2	3	3	6	71
Le quart	1	1	6	8	55
Le demi - quart . . .	0	5	8	4	17

La

	Onc.	G.	D.	G.	Part. du g.
La livre de Beaurepaire (est de 16 onces poids de mars.)	4	8	9	5	05
La demi-livre	2	4	4	7	52
Le quart	1	2	2	3	76
Le demi-quart . . .	0	6	1	1	88
La livre de Cambray . .	4	7	0	3	45
La demi-livre . . .	2	3	5	1	72
Le quart	1	1	7	5	86
Le demi-quart . . .	0	5	8	7	93
La livre de Cartignies .	4	8	9	5	05
La demi-livre . . .	2	4	4	7	52
Le quart	1	2	2	3	76
Le demi-quart . . .	0	6	1	1	88
La livre de Douay . .	4	2	5	3	12
La demi-livre . . .	2	1	2	6	56
Le quart	1	0	6	3	28
Le demi-quart . . .	0	5	3	1	64
La livre de Favril . .	4	8	9	5	05
La demi-livre . . .	2	4	4	7	52
Le quart	1	2	2	3	76
Le demi-quart . . .	0	6	1	1	88
La livre de Fayts . .	4	8	9	5	05
La demi-livre . . .	2	4	4	7	52
Le quart	1	2	2	3	76
Le demi-quart . . .	0	6	1	1	88
La livre de Landrecies .	4	7	1	3	46
La demi-livre . . .	2	3	5	6	73
Le quart	1	1	7	8	36
Le demi-quart . . .	0	5	8	9	18
La livre du Cateau . .	4	8	2	3	54
La demi-livre . . .	2	4	1	1	77
Le quart	1	2	0	5	88
Le demi-quart . . .	0	6	0	2	94
La livre du Quesnoy .	4	6	2	3	39

	Onc.	G.	D.	G.	Part. du g.
La demi-livre	2	3	1	1	69
Le quart	1	1	5	5	84
Le demi-quart	0	5	7	7	92
La livre de Marchiennes .	4	2	8	3	14
La demi-livre	2	1	4	1	57
Le quart	1	0	7	0	78
Le demi-quart	0	5	3	5	39
La livre de Maubeuge .	4	6	7	3	43
La demi-livre	2	3	3	6	71
Le quart	1	1	6	8	35
Le demi-quart	0	5	8	4	17
La livre de Condé . . .	4	7	0	3	45
La demi-livre	2	3	5	1	72
Le quart	1	1	7	5	86
Le demi-quart	0	5	8	7	93
La livre d'Orchies (vaut 14 onces poids de marc.) .	4	2	8	3	14
La demi-livre.	2	1	4	1	57
Le quart	1	0	7	0	78
Le demi-quart	0	5	3	5	39
La livre de Prisches . .	4	8	9	5	05
La demi-livre	2	4	4	7	52
Le quart	1	2	2	3	76
Le demi-quart	0	6	1	1	88
La livre de St. Amand .	4	7	2	3	47
La demi-livre	2	3	6	1	73
Le quart	1	1	8	6	86
Le demi-quart	0	5	9	0	43
La livre de Valenciennes.	4	6	7	3	43
La demi-livre	2	3	3	6	71
Le quart	1	1	6	8	35
Le demi-quart	0	5	8	4	17

Pour avoir le rapport du denier (n. d.) à la livre, c'est-à-dire, pour savoir combien le denier (n. d.) vaut de parties de livre, il faudra diviser 18 grains, 82715 (a. d.) par 9216 grains, (a. d.)

```
188271500ØØØØØ  { 9216ØØØØØ
  39515         { o liv., 0020428 (n. d.)
   26510        {
    8078
```

LE DENIER. (n. d.)

En livre (a. d.)	o liv.	0020428
ou . . . . 18 gr. 82		
En demi-livre	o	0040856
En onces	o	0326848
En gros	o	2614784

LE GROS.

En livre	o	020428
ou . 2 gr. 1 d. 20 gr.		
En demi - livre	o	040856
En onces	o on.	326848
En gros	2 gr.	614784

L'ONCE.

En livre	o liv.	20428
ou 3 on. 2 gr. o d. 10 gr.		
En demi - livre	o	40856
En onces	3 on.	26848
En gros	26 gr.	14784

La livre.

En livre	2 liv.	0428
ou 2 liv. 0 on. 5 gr. 1 d. 10 gr.		
En demi-livre	4	0856
En onces	32 on.	6848
En gros	261 gr.	4782

Le grain.

En grain	1 gr.	882

FIN.

Remarque sur les calculs.

L'aune de Lille et autres mesures du département du Nord, ayant été calculées sur les étalons originaux, on peut s'en rapporter à l'exactitude des calculs.

On a dû remarquer que quand la quatrième décimale est plus grande qu'une demi-unité, on a augmenté la troisième d'une unité, la différence étant très-peu sensible.

A LILLE,

De l'Imprimerie de Jacquez, petite-place.